中国电科电子对抗培训丛书

DIANZI DUIKANG ZHUANGBEI
CESHI JICHU

电子对抗装备
测试基础

郭海帆◎主编

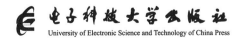

电子科技大学出版社
University of Electronic Science and Technology of China Press

·成都·

图书在版编目(CIP)数据

电子对抗装备测试基础 / 郭海帆主编. — 成都：
电子科技大学出版社，2022.4
ISBN 978-7-5647-9352-4

Ⅰ.①电… Ⅱ.①郭… Ⅲ.①电子对抗设备—测试—
教材 Ⅳ.①TN97

中国版本图书馆CIP数据核字（2021）第252304号

电子对抗装备测试基础

郭海帆　主编

策划编辑　谢晓辉
责任编辑　罗国良

出版发行　电子科技大学出版社
　　　　　成都市一环路东一段159号电子信息产业大厦九楼　邮编　610051
主　　页　www.uestcp.com.cn
服务电话　028-83203399
邮购电话　028-83201495

印　　刷　四川煤田地质制图印刷厂
成品尺寸　185mm×260mm
印　　张　16
字　　数　390千字
版　　次　2022年4月第1版
印　　次　2022年4月第1次印刷
书　　号　ISBN 978-7-5647-9352-4
定　　价　86.00元

编 委 会

前　言

　　电子对抗装备在现代战争中的地位日益提高，作用日益增强，是现代战争中不可缺少的战略武器装备，已成为争夺战争主动权、决定战争胜负的核心力量。特别是进入21世纪以来，现代电子战技术得到迅猛发展，众多的高技术对抗装备导致了更加复杂的作战方式，日益提升的战斗强度对装备保障能力也提出了更高的要求，如何快速、准确地完成电子对抗装备的测试维护，保障装备的战场生存能力，已成为突出的问题。

　　当前，随着电子对抗装备的大量普及和不断发展，其各阶段的测试需求也日益突出。电子对抗装备的测试大量使用了精密电子仪器或专用的自动测试设备，对基层部队和相关场所的使用维护人员的专业技术知识提出了很高的要求，需要越来越多的部队官兵掌握和使用电子对抗装备的测试技术和方法。目前一些电子测量领域的著作，大多面向专业人士，普遍存在理论性太强，与电子对抗装备测试需求结合不紧密、不明确等问题。为了能使相关技术人员快速掌握电子对抗装备的维修维护技能，独立完成装备维修维护等保障任务，我们编写了本书。

　　本书面向广大一线作战部队官兵编写，立足电子对抗装备测试需求，做到统筹规划、集中阐述、简洁直白、图文并茂。由于电子对抗装备类型多、涉及面广，除了原有的雷达、通信和光电对抗装备外，还发展出引信、导航、敌我识别等对抗装备。而本书限于篇幅和作者知识水平，无力涉及不同体制的电子对抗装备测试技术，仅就雷达对抗装备展开介绍和深入讨论，力争由浅入深、贴近实际，从整机到模块讲述常用的雷达对抗装备测试相关的理论和操作知识，加深相关工程技术人员对雷达对抗装备测试的系统认识。

　　全书共七章，分为三大部分。第一部分（第1~2章）为测试相关的基础知识，主要包括雷达对抗装备测试相关的概念和理论，以及对涉及雷达对抗装备测试的相关仪器的分类和主要功能做概括介绍。第二部分（第3~5章）为雷达对抗装备参数测量方法部分，包括雷达对抗装备系统测试项目与方法，以及天线、射频/微波、信号处理三大分系统的测试方法，并对重要的干涉仪测向标校进行了详细介绍。第三部分（第6～7章）是与雷达对抗装备测试相关的拓展内容，包括雷达对抗装备涉及的计量保障和自动测试设备及其技术发展。全书力求简洁、直观地描述相关领域理论知识和基本操作。本书既是雷达对抗初级官兵的学习书籍，也可作为相关工程技术人员的工具手册。

本书均由长期工作在雷达对抗装备测试一线的专业技术人员编写，在编写过程中，部分编写内容借鉴了测量仪器厂家的技术手册，同时参考和引用了电子战装备、雷达测试等相关著作、教材及多篇论文所阐述的测量原理和方法，在此谨向作者表示衷心的感谢！

由于电子对抗装备发展迅速，与之相应的测试新理论、新技术也处于不断发展之中，加之编者水平有限，书中难免会存在一些缺点和不足，敬请专家和读者批评指正。

编　者

2022年03月

目　录

1

测试基础知识

电子对抗装备的测试涉及了不同物理量之间的转换、信号的处理以及测试数据处理等多种操作。因此，为了便于读者能更快地理解并掌握电子对抗装备的测试过程，本章将从上述方面分别介绍与电子对抗装备测试相关的概念和理论。

1.1 与测量相关的基本概念

在电子对抗装备测试领域，有许多含义相近但不完全相同的概念，为了使读者能更清晰地理解不同概念所代表的内容，本小节将主要介绍与电子对抗装备测试相关的几个概念，它们分别为：测量、测试以及计量。

1.1.1 测量

1.1.1.1 测量的概念

测量可以从狭义和广义两个方面来理解，狭义的测量指的是以确定量值为目的的一组实验操作，例如：用电流表测量通过灯泡的电流（图1-1）。广义的测量指的是为了获取被测对象的信息而进行的实践过程，它不仅包括对被测物理量进行定量测量，而且还包括定性定级测量等，如故障诊断、无损探伤等。而测量结果也不仅仅是由量值和单位来表征的一维信息，还可以用图形、图像等二维或多维信息来表示。在本书中，测量一般指狭义的测量，即测定某个具体的物理量的数值。

测量的过程必须建立在实验的基础上，它的本质是用一个标准事物与被测事

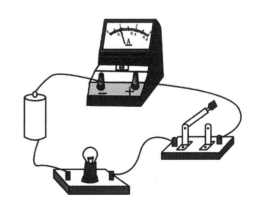

图1-1 测量灯泡电流

物相比较，得到被测事物与标准事物之间的相对关系。在现代文明还没出现时，古代的人经常将手的长度作为单位来测量物体的长度，这就是最早时候的测量。但是，因为不同的手的大小是不一样的，采用这种方式进行测量，必定会导致结果不准确。因此，为了保证不同测量结果之间可以进行比较，人们规定相同类型的测量必须建立在统一的标准规范之中。通过标准化的测量得到的结果才可以进行比较，通过不同事物之间的比较才能更清楚、更全面地认识世界，因此，测量是认识世界和改造世界不可缺少的一种重要方法。

1.1.1.2　测量的意义

测量技术在科学研究和武器装备等领域都有着广泛的应用，具有十分重要的意义。对现代化的电子对抗装备来说，装备零部件的各类指标参数决定了装备的使用寿命和工作效率。而指标参数测量的准确程度与相应测量技术的发展水平密不可分，测量技术水平越高，测量的指标参数就能越精细，相应的装备也就能获得更长的使用寿命以及更高的工作效率。由此可见，测量是保障电子对抗装备正常运行的基础。

测量是一切学科发展的基础，离开测量就不会有真正的科学。有人说，没有望远镜就没有天文学，没有显微镜就没有细胞学，没有指南针就没有航海事业。正如伟大的俄国科学家门捷列夫所说："没有测量就没有科学。"测量的存在推动了科学的发展，同时，先进的科学技术又催生出了新的测量手段与方法。所以，科学的进步与测量的发展是一致的，它们相辅相成又密切相关。

1.1.2　测试

测试是具有试验性质的测量，也可以理解为"试验和测量的综合"。测试的基本任务就是获取有用的信息，通过借助专门的仪器、设备，设计合理的试验方法以及进行必要的信号分析与数据处理，从而获得与被测对象有关的信息。

测试过程中使用到的工具主要是仪器仪表，例如加入某一信号后，用一定的测量仪器测量某一指标的变化。测试与测量的不同主要在于它具有探索、分析、研究和试验的特征。但测试的本质特征也是测量，属于测量范畴，是测量的扩展和外延。由于测试和测量密切相关，在实际使用中往往并不严格区分测试与测量。

1.1.3　计量

1.1.3.1　计量的概念

随着生产的发展，商品的交换以及国际之间的贸易交往越来越频繁。由于文化、历史背景、生活方式等差异，不同国家以及地区之间用来衡量质量、长度、温度等物理量的标准各不相同。为保证贸易过程的公平性，贸易双方对商品质量、长度、温度等特性的测量标准必须是一致的。因此，在不同地区的不同测量仪器之间所用到的单位基准必须严格一致，这就需要在世界范围内存在统一的单位定义。同时，为保证量值的可靠性和准确性，相应的测量基准和标准以及用这些基准和标准校准的测量器具也随之应运而生，并用法律的形式固定了下来，从而形成了一个与测量密不可分却又有所区别的新概念：计量。

为保证测量过程中作为比较标准的各类仪器和测量用具的准确性、可靠性和统一性，必须定期对这些仪器设备进行检定和校准，这一检定和校准的过程就被称为计量。因此，计量是一种具有重大现实意义的测量，如果没有计量，不同测量标准之间的转换将无法进行。在计量进行的过程中，所使用的相关仪器设备、操作人员和测试方法必须符合相应的标准并得到认可，以保证计量过程的可靠性。

1.1.3.2 计量的特点和意义

通过计量的定义可以看出，计量有以下几个显著的特点。

1. 准确性：表征计量结果与被计量量的接近程度，是用来评判计量结果优劣的重要评价指标。

2. 一致性：指计量过程中单位的统一，是量值准确的重要前提条件。

3. 溯源性：指任何一个计量结果都能通过一定的计量依据与原始的计量标准器具联系起来。溯源性是准确性和一致性的技术基础。

4. 法制性：为实现全世界范围内的单位统一，需要运用法律来对计量标准的制定进行保障。

如图1-2所示，计量的应用范围十分广泛，包括医疗、农业、工业以及航空航天等各个方面，覆盖了人们生产生活的每个角落。如某些钢铁生产企业的板材轧制工艺中就需要对煤气进行准确计量，否则，会造成钢材烧损和煤气浪费的双重浪费问题。先进制造业中的计量检测技术已成为提高质量、降低成本的重要手段。世界工业国家将计量检测、原材料和工艺并列为现代化生产的三大支柱。此外，计量也是反映一个国家发达程度的显著标志。发达国家始终把高端计量技术列入核心竞争力的范围，不惜投入巨额经费保持技术制高点。因此，我国难以通过引进国外先进技术的途径获得尖端的计量技术，必须走自主研发的道路。例如，我国自主研发的铯原子喷泉钟技术，使我国成为世界上第四个获得这项技术的国家。

综上所述，计量是测量客观发展的需要，是测量数据准确可靠的保证。计量是测量的基础和前提，如果没有计量对单位统一和量值准确的保障，那么测量将毫无意义。同时，测量又是计量通向实际应用的重要途径，没有测量，计量也将毫无用处。因此，计量和测量相互协助，相互配合，才能更好地推动人类的发展。

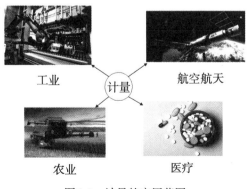

图1-2　计量的应用范围

1.2 量和单位制

量和单位的结合可以用来表示电子对抗装备的测试结果，测试结果中不同量和单位的组合也就代表了电子对抗装备各方面性能的情况。因此，深刻理解量和单位制的概念，可以帮助读者进一步理解不同测试结果所代表的实际意义。

1.2.1 量及其相关概念

在电子对抗领域中，量一般被用来描述电流、电压、功率等物理量的大小。相互之间可以直接进行比较的量被称为同种量。同种量之间进行加减运算，得到的依旧是同种量；不同种量之间虽然不能进行加减运算，但是可以进行乘除运算，例如：电流与电压不能相加减，但电流与电压相乘可以得到功率。量的数值（简称"量值"）一般用数字和单位的组合来表示，例如：1安培、5伏特、10瓦。量值的出现使得人们可以对各种量的大小进行评价，也使得同种量之间的比较成了现实。

为规范测量过程，保证测量的一致性，国际上定义了一些相互之间彼此独立的量，这些量被称为基本量，具体包括力学领域中的长度、质量、时间；电磁学领域中的电流；热学领域中的温度；还有物质的量和发光强度两个基本量。基本量为不同种的量，相互之间不能进行直接的加减运算。国际单位制中7个基本量的名称以及其符号表示如表1-1所示。

表1-1 国际单位制中的基本量

基本量名称	长度	质量	时间	电流强度	温度	物质的量	光强度
基本量符号	L	M	T	I	Θ	n	J

1.2.2 单位制

单位是一种用来定量表示同一种量的大小而约定的、数值为1的特定量。单位是两个物理量进行比较的基础和前提。在单位制中，彼此之间相互独立、互不影响的一类单位的集合被称为基本单位。基本单位进行组合之后得到的具有新的物理意义的单位被称为导出单位。与基本单位不同，导出单位之间不一定相互独立，部分不同的导出单位之间可以进行相互转化，例如：导出单位瓦特（W）可以通过导出单位伏特（V）与基本单位安培（A）之间的乘积得到。

1.2.2.1 国际单位制的组成

按照一定的规则确定的一组基本单位和导出单位的集合，称为单位制。在建立单位制时，确定基本单位最为重要，因为测量基本单位的准确度，决定了该单位制中其他导出单位的测量准确度。为了制定一个统一的、能在国际通用的单位制，1960年召开的第十一届国际计量大会以及1974年召开的第十四届国际计量大会决定把米、千克、秒、安培、开尔文、摩尔和坎德拉这7个单位作为基本单位，然后在这些基本单位的基础上建立了一套实用的单位制，并将其命名为国际单位制（SI）。SI主要由SI单位，SI词头、SI单位的十进制倍数和分数单位三部分组成。

SI单位分为基本单位、导出单位以及辅助单位。基本单位的名称及符号见表1-2所列。通过一定的规则以及运算，对基本单位进行处理之后，就可以得到相应的导出单位。辅助单位包括平面角的单位弧度（rad）以及立体角的单位球面度（sr）。

表1-2　国际单位制中的基本单位

基本量	长度	质量	时间	电流强度	温度	物质的量	光强度
单位名称	米	千克	秒	安培	开尔文	摩尔	坎德拉
单位符号	m	kg	s	A	K	mol	cd

SI单位的十进制倍数和分数单位指的就是在SI中某个单位的基础上定义以10的幂指数为倍数扩展或收缩的单位，例如，毫瓦（mW）就是瓦（W）的十进制分数单位；千瓦（kW）就是瓦（W）的十进制倍数单位。为了方便对SI中众多的十进制倍数单位与分数单位进行描述，SI中定义了16个SI词头，其范围为$10^{-18}\sim10^{18}$。SI词头的名称以及对应的符号见表1-3所列。

表1-3　国际单位制中的词头

倍数	原名（法）	中文	符号	倍数	原名（法）	中文	符号
10^{18}	Exa	艾	E	10^{-1}	deci	分	d
10^{15}	Peta	拍	P	10^{-2}	centi	厘	c
10^{12}	Tera	太	T	10^{-3}	milli	毫	m
10^{9}	Giga	吉	G	10^{-6}	micro	微	μ
10^{6}	mega	兆	M	10^{-9}	nano	纳	n
10^{3}	Kilo	千	k	10^{-12}	pico	皮	p
10^{2}	Hector	百	h	10^{-15}	femto	飞	f
10^{1}	Deca	十	da	10^{-18}	atto	阿	a

1.2.2.2　国际单位制的使用

为规范SI中单位的使用，一系列的关于SI的使用说明被提出，其中主要包括以下几点：

1. SI词头与SI单位之间不能有间隔。例如：毫安（mA）。

2. 若存在多个单位相乘的情况，用圆点（·）表示乘号来连接不同的单位。例如：速度的单位 $m \cdot s^{-1}$。

3. SI单位中的幂指数表示该单位按指数相乘。例如：$m^3 = m \cdot m \cdot m$。

4. 不能同时对同一个主单位使用多个SI词头，应该使用能直接代表该倍数关系的单个SI词头。例如：当需要表示 $10^{-6}s$ 时，可以用 $1\mu s$，而不能用 $1mms$。

5. 当需要表示两个单位之间的相除关系时，可以采用负幂指数以及斜线的形式。若采用斜线的形式，除了有括号的情况外，一个组合单位内不能出现两条及以上数量的斜线。例如：加速度的单位可以表示为 m/s^2 或 $m \cdot s^{-2}$，不能写成 $m/s/s$ 的形式。

1.3　基本物理概念介绍

本书所讲述的对象为电子对抗装备的性能参数测试，与其相关的物理量基本均为电学中用到的物理量。因此，这里先介绍一些基本的电学物理概念，以便于读者对后续章节的理解与掌握。

1.3.1　直流与交流

1.3.1.1　直流

直流量指的是方向、大小不随时间变化的电学物理量，主要包括直流电流和直流电压，一般可认为其大小为一个固定不变的常数。例如：图1-3所示的直流电流即指一个方向固定、大小不随时间变化的电流。值得注意的是，虽然直流电学物理量的大小不会随时间变化，但可以通过人为的操作设置来改变直流电学物理量的大小，使其变为一个新的常数。

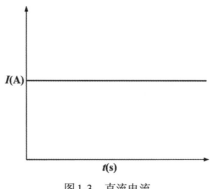

图1-3　直流电流

1.3.1.2 交流

交流量指的是方向、大小都随时间变化的物理量，主要包括交流电流和交流电压，通常可以用一个以时间 t 为自变量的函数来表示交流电学物理量。例如，图1-4就展示了一个随时间变化的交流信号。

从图1-4可以看出，该电流的大小时刻都在变化，因此，很难用某一个具体的数值来定义该电流的大小。为了方便对交流电学物理量的大小进行评价，本书引入了峰-峰值、平均值以及有效值来表征交流电学物理量的特性。这三个指标的定义如下：

1. 峰-峰值是指一个周期内交流电学物理量最高值和最低值之间差的值，就是最大和最小之间的范围。它描述了交流电学物理量幅值的变化范围的大小。

2. 平均值表示交流电学物理量在规定时间内的平均水平。

3. 有效值又称"均方根值"，一种用以计量交流电学物理量大小的值。当一交流电通过某电阻，在一周期内所产生的热量与一直流电通过该电阻在同样时间内产生的热量相等时，则此直流电的量值是该交流电的有效值。

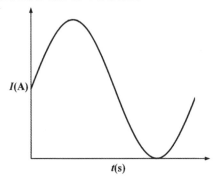

图1-4 交流电流

1.3.2 电流

在电场的作用下，电荷（带电粒子）进行某种有规律的移动，就会形成电流，一般用符号 I 表示，其示意图如图1-5所示。1821年，法国科学家安德烈·玛丽·安培首次提出了"电动力学"的概念，他提出的安培定则（右手螺旋定则）揭示了电流与磁场之间的关系，极大地推动了电磁学的发展。因此，为了纪念这位伟大的科学家，人们把电流的单位命名为安培（A）。电流分为直流电流与交流电流，若电荷在电场作用下形成了大小不变、方向恒定的移动，则该电流为直流电流；若电荷在电场作用下形成了大小、方向均随时间改变的移动，则该电流为交流电流。电流的大小一般用电荷通过导体横截面的速率来衡量，即在一定的时间内，通过导体横截面的电荷量越多，电流就越大。

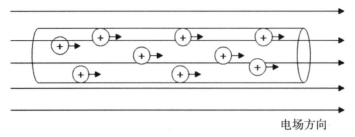

图1-5　电流形成原理

根据上述定义，电流的计算公式如下：

$$I = Q/t$$

其中，I表示电流的大小；Q表示时间t内通过导体横截面的电荷量。

1.3.3　电压

在电场中的电荷会受到电场力的作用，当电场力作用于单位电荷q，并将该电荷从A点搬移至B点时，电场力对q做的功即为A与B两点之间的电压。1800年，意大利科学家亚历山德罗·伏特发明的伏打电堆是人类历史上最早出现的电池，伏打电堆的出现开创了电学发展的新时代。因此，为了纪念亚历山德罗·伏特为电学做出的贡献，人们把电压的单位命名为伏特（V）。电压一般用U表示，其分为直流电压与交流电压，若电荷q受到的电场力大小、方向均不改变，则该情况下对应的电压为直流电压；若电荷q受到的电场力大小、方向均随时间变化，则该情况下对应的电压为交流电压。电压的大小与电场力对电荷做功的多少有关，即对于数量固定的电荷以及固定的两点来说，电场力在搬移的过程中做功越多，这两点间的电压就越大。

根据上述定义，电压的计算公式如下：

$$U = E/Q$$

其中，U为两点间电压的大小；E为电场力对电荷Q所做的功。

1.3.4　电阻

电阻具有两种含义，分别为物理量和电子元器件。

1.3.4.1　物理量（电阻）

当电阻作为一个电学物理量时，它在物理学中表示导体对电流阻碍作用的大小。1826年，德国物理学家乔治·西蒙·欧姆首次在他的科学论文中发表了"欧姆定律"，揭示了电流、电阻与电压之间的关系，极大地推动了电学的发展。为了纪念科学家乔治·西蒙·欧姆对电学领域的杰出贡献，人们把电阻的单位命名为欧姆（Ω），简称"欧"。导体的电阻通常用字母R表示，电阻越大，表示导体对电流的阻碍作用越大。不同的导体，电阻一般不同。电阻是导体本身的一种性质，由导体本身的材料性质、长短、粗细（横截面积）决定，它们之间具体的关系如下：

1. 当两个材质与长度均相同的导体处于相同的环境下时，导体越粗，电阻越小。

2. 当两个材质与粗细均相同的导体处于相同的环境下时，导体越短，电阻越小。

3. 当两个粗细与长度均相同的导体处于相同的环境下时，导体导电性能越好，电阻越小。

值得注意的是，不但金属导体有电阻，其他非金属的物体也有电阻。不过，大部分非金属物体的电阻一般很大，在具体的电路中并不会被使用。

1.3.4.2　电子元器件（电阻器）

当电阻作为一种电子元器件时，它有许多不同的种类，根据电阻的阻值，大致可以将其分为三类：固定电阻、可变电阻以及敏感型电阻。各类电阻的定义如下。

1. 固定电阻

固定电阻为阻值固定不变的电阻，其实物图与电路符号，如图1-6所示。图1-6中的两个电阻符号均可以表示固定电阻。在外部因素（温度、湿度以及光照等）发生变化时，阻值可能会发生微小的波动，波动的范围与固定电阻的稳定性有关。

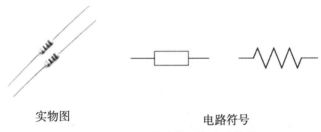

实物图　　　　　　　　　　电路符号

图1-6　电阻的实物图与电路符号

2. 可变电阻

可变电阻表示阻值可以随用户意愿进行手动调节的电阻。滑动变阻器是一类典型的可变电阻，它的实物图以及电路符号，如图1-7所示。通过对图1-7中滑动变阻器顶部构件（对应电路符号中顶部的可移动箭头）的左右移动，就可以对其接入电路中的电阻进行调节。与固定电阻类似，滑动变阻器的阻值也可能会受到由于外界条件变化而导致的微小干扰。

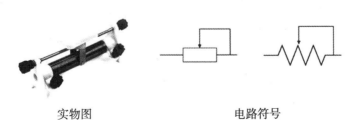

实物图　　　　　　　　　　电路符号

图1-7　滑动变阻器的实物图与电路符号

3. 敏感型电阻

敏感型电阻表示阻值会随着光照、温度以及压力等外部因素的变化而发生较大变化的电阻，两者之间存在正相关或负相关的规律。图1-8和图1-9展示了三种常见的敏感电阻的实物图及其电路图符号。其中，图1-9中的热敏电阻电路图符号中的$+t°$表示该热敏电阻的阻值与温度正相关；若热敏电阻的电路图符号中出现了$-t°$，则表示该热敏电阻的阻值与温度负相关。

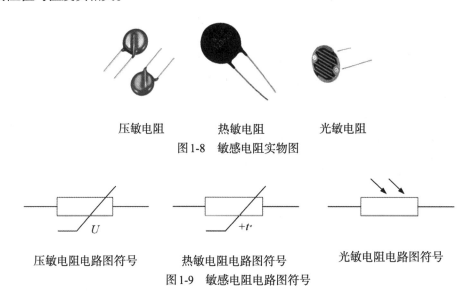

压敏电阻　　　　　热敏电阻　　　　　光敏电阻

图1-8　敏感电阻实物图

压敏电阻电路图符号　　　热敏电阻电路图符号　　　光敏电阻电路图符号

图1-9　敏感电阻电路图符号

在电路原理图中，对电阻最常见的操作就是不同阻值电阻之间的串联和并联。电阻的串联指的是将多个电阻逐个首尾相连，串联后的总阻值等于串联电路中各个电阻阻值之和。图1-10（a）展示了电阻的串联。电阻的并联则是将电阻的两端均相互连接，并联后的总阻值的倒数等于各电阻阻值倒数之和。图1-10（b）展示了电阻的并联。

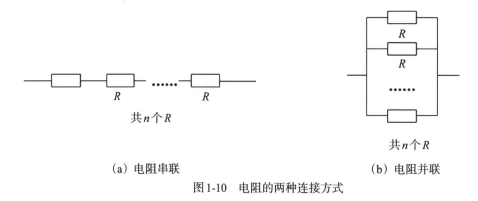

（a）电阻串联　　　　　　　　　　（b）电阻并联

图1-10　电阻的两种连接方式

1.3.5　电容

电容具有两种含义，分别为物理量和电子元器件。

1.3.5.1 物理量（电容）

当作为一个物理量时，电容被用来衡量存储电场能量能力的大小，一般用字母 C 表示。1831年，英国科学家迈克尔·法拉第首次发现了电磁感应现象，该发现奠定了现代电磁学发展的基础（图1-11）。为了纪念迈克尔·法拉第对电磁学做出的贡献，人们把电容的单位命名为法拉（F）。通常来说，电荷在电场中会因为受到电场力而发生移动。但是，当导体之间存在绝缘介质时，绝缘介质将阻碍电荷移动而使得电荷累积在导体上，以电场能的形式储存下来，导体上积累的电荷数量越多，电容就越大。

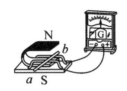

图1-11　电磁感应现象实验装置

1.3.5.2 电子元器件（电容器）

当电容作为一种存储电场能量的电子元器件时，为表示区分，这里把它称为"电容器"。电容器一般也用 C 表示。由于两端导体材质、中间介质材质以及电容结构等因素的不同，电容器可分为很多种不同的类型，从容值是否可变来说，大致可以将电容器分为固定电容器、可变电容器以及微调电容器三类，它们的实物图以及在电路原理图中的符号如图1-12和图1-13所示。

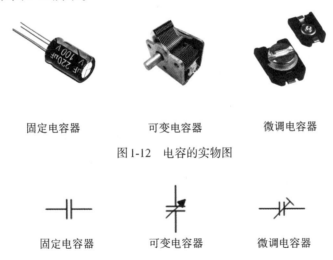

固定电容器　　　　可变电容器　　　　微调电容器

图1-12　电容的实物图

固定电容器　　　可变电容器　　　微调电容器

图1-13　电路原理图中的电容符号

在电路中，电容有串联和并联两种连接方式，与电阻类似，电容的串联和并联如图1-14所示。

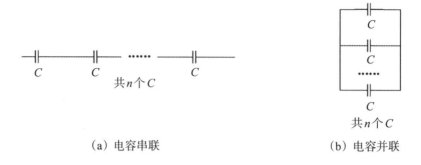

（a）电容串联　　　　　　　　　（b）电容并联

图1-14　电容的两种连接方式

由于电容器具有储存能量的特点，电容器被广泛应用于电子及电气领域，同时，电容器也是电子对抗装备中不可缺少的元器件。电容器的主要应用场景有：电源滤波、信号滤波、信号耦合、谐振、补偿、充放电以及隔直流等电路。

1.3.6　电感

与电容类似，电感也具有两种含义，分别为物理量和电子元器件。

1.3.6.1　物理量（电感）

当作为一个物理量时，电感被用来衡量电感器储存的磁场能量，其符号为L。1827年，美国物理学家约瑟夫·亨利首次发现了继电器的原理，在此之后，他又相继发现了电流的自感现象并且还发明了无感绕组，为电感的出现打下了基础。因此，人们为了纪念约瑟夫·亨利在电磁学领域的贡献，把电感的单位命名为亨利（H）。

值得一提的是，亨利对于电磁感应现象的发现比法拉第还早一年。但是，当时亨利正在集中精力研究电磁铁，没有及时发表这一实验成果，因此，发现电磁感应现象的功劳就归属于提早发表了相关成果的法拉第，这导致亨利失去了相关技术的发明权。

1.3.6.2　电子元器件（电感器）

当作为一种电子元器件时，为表示区分，这里把电感称为"电感器"。电感器被用来把电能转化为磁能并存储，一般也用L表示，其电路原理图中的符号如图1-15所示。当电流通过电感器后，在电感器周围形成感应磁场，感应磁场会产生感应电流来抵制通过电感线圈中的电流的变化。例如：在接通电源的瞬间，电路中电流突然增大，电感器将减缓电流增加速度；在断电的瞬间，电路中电流突然减小，电感器可以使得断开开关后的一段时间内，电路中依旧存在电流。

图1-15　电路原理图中电感器的符号

在电路中，电感器具有串联和并联两种连接方式，两种连接形式分别如图1-16所示。

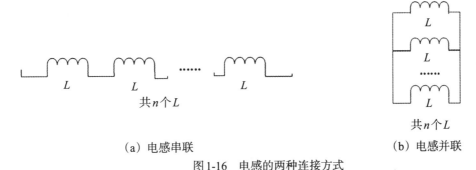

（a）电感串联   （b）电感并联

图1-16　电感的两种连接方式

1.3.7　阻抗

1.3.7.1　阻抗的概念

在具有电阻器、电感器和电容器的电路里，电阻、电感和电容对电路中的电流所起的阻碍作用叫作阻抗。阻抗常用Z表示，其单位也为欧姆（Ω）。阻抗一般为复数，实部称为电阻，虚部称为电抗，电抗主要由电感和电容产生，分别为感抗和容抗两部分。电容中存在的绝缘介质导致低频电流很难通过，因此，在电路中电容主要对低频电流起到阻碍作用。电流的频率越低，电容对其阻碍作用越大，电容在电路中的这种阻碍作用被称为容抗。电感的主要性质为阻碍电路中电流的变化，因此，对于快速变化的高频电流来说，电感具有很大的阻碍作用。并且电流频率越高，电感对其阻碍作用越大，电感在电路中的这种阻碍作用被称为感抗。

在图1-17所示的电容、电感和电阻串联的情况下，串联部分的总阻抗$Z_总$为

$$Z_总 = R + j(\omega L - \frac{1}{\omega C})$$

其中，R、L、C分别为图1-17中电阻器的电阻值、电感器的电感值、电容器的电容值；j表示虚数单位；ω表示输入电信号的频率。

图1-17　电阻、电容和电感串联电路

1.3.7.2　阻抗匹配

阻抗匹配就是使信号源内阻与所接传输线的特性阻抗大小相等且相位相同，或传输线的特性阻抗与所接负载阻抗的大小相等且相位相同，以达到对信号进行高效传输的目的。阻抗匹配技术最早应用在电气工程领域，随后的发展使其应用不再局限于此，而是

广泛应用在涉及能量从源端传输到负载端的领域之中，比如声学系统、光学系统以及机械系统。

在电子对抗领域，阻抗匹配技术具有更重要的意义。绝大多数电子对抗装备都包含有射频功率放大器，其作用是对射频功率信号进行放大。晶体管是射频功率放大器的核心，是功率电子的重要基础，其输入输出阻抗的值只有几欧姆，但是通常的射频系统的标准阻抗是 50 Ω。为了获得更好的功率传输性能，晶体管输入输出的阻抗值要匹配到标准阻抗 50 Ω。阻抗匹配网络的目的是为了解决信号传输时阻抗不匹配的问题，可以通过电容、电感以及微带线等元件来实现，电容和电感主要用于较低频率，微带线主要用于更高的频率。

阻抗匹配的通常做法是在信号源和负载之间插入一个无源网络，使负载阻抗与信号源阻抗共轭匹配，该网络也被称为匹配网络。阻抗匹配的主要作用有以下几点：

1. 从信号源到器件、从器件到负载或器件之间功率传输最大；
2. 提高信号接收机灵敏度；
3. 减小功率分配网络的幅相不平衡度；
4. 获得放大器理想的增益、输出功率、效率和动态范围；
5. 减小传输中的功率损耗。

输入端阻抗匹配时，传输线获得最大功率；在输出端阻抗匹配的情况下，传输线上只有向终端行进的电压波和电流波，携带的能量全部为负载所吸收。

1.3.8　功率

功率是指物体在单位时间内所做的功的多少，即功率是描述做功快慢的物理量。1776 年，英国科学家詹姆斯·瓦特制造出了世界上第一台蒸汽机，大大提高了生产效率，使人类工业进入了"蒸汽时代"。为了纪念詹姆斯·瓦特对人类工业发展做出的贡献，人们把功率的单位命名为瓦特（W），简称"瓦"。在电学中，一般用字母 P 表示功率，功率等于电压（U）与电流（I）的乘积，其数学表达式如下：

$$P = UI$$

1.3.9　频率与波长

频率指的是单位时间内完成周期性变化的次数，是描述周期运动频繁程度的量，常用符号 f 表示。1887 年，德国科学家海因里希·鲁道夫·赫兹首次通过实验证实了电磁波的存在。同年，他还通过实验发现了光电效应，为量子理论的发展打下了坚实的基础。因此，为了纪念德国物理学家赫兹对电磁学领域做出的贡献，人们把频率的单位命名为赫兹（Hz），简称"赫"。对于电学领域来说，频率一般用来指代电信号在一秒内重复出现的次数，例如：用示波器观察一个频率为 100 Hz 的周期信号，说明该信号在 1s 内可以重复出现 100 次。值得一提的是，中国国家电网输出给各个单位以及个人的用电均为 50 Hz 的交流电。

波长是一个与频率高度相关的物理量，主要指电磁波信号的长度，常用符号 λ 表示，其单位与长度单位（米）一致。实际应用中的波长一般都较短，常用米的十进制分数单位（分米、毫米、微米、纳米等）表示。波长与频率呈反比关系，信号的频率越高，则波长越短；信号的频率越低，则波长越长。波长与频率关系的数学表达式如下：

$$\lambda = c/f$$

其中，c代表真空中的光速，是一固定的常数，其值为3×10^8 m/s；f代表频率，单位为Hz；λ代表波长，单位为m。

1.3.10 频谱

频谱是频率谱密度的简称，是频率的分布曲线，它代表了一个复杂信号中各种频率成分的分布情况。实际情况下，电子对抗装备使用的电信号的频率通常都不是唯一的，而是由多个不同频率的信号组合而成的复杂信号。对于这种由多个信号组合而成的复杂信号来说，一般很难直接从信号本身的波形来判断信号的频率。因此，测试人员需要通过分析信号频谱的方式来得到复杂信号的频率成分，从而实现对信号的深层次分析。图1-18给出了一个复杂信号及其频谱的示例。

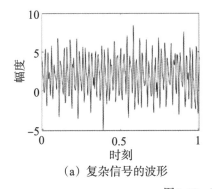

（a）复杂信号的波形

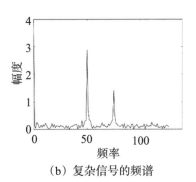

（b）复杂信号的频谱

图1-18　某个复杂信号及其频谱

对于图1-18（a）所示的信号来说，其波形杂乱无章，无法直接从信号的波形看出信号所包含的频率成分。而对于图1-18（b）所示的频谱图像来说，信号包含的频率范围则一目了然：频谱图中包含的几个尖峰即代表了复杂信号中包含的主要频率成分，频谱图下方的波动则代表了现实中存在的噪声干扰。

1.4　电信号基本概念介绍

电子对抗装备的实际测试过程中涉及多种不同类型的信号，例如，雷达发射的脉冲调制信号、数字示波器采集的基带信号、信号发生器产生的正弦信号等等。因此，为了使读者在测试过程中对各类信号以及与信号相关的概念有清晰的认识，本章主要介绍各类电子对抗装备测试过程中与信号相关的概念。

1.4.1 周期信号与非周期信号

1.4.1.1 周期信号

周期信号指信号波形随时间重复变化的信号（图1-19），其中"周期"即表示信号重复出现的时间。所以每隔一个周期，周期信号的波形就会重复出现。常见的周期信号有：正弦信号、脉冲信号、锯齿波信号以及它们的组合信号。周期信号一般只存在于理论的实验过程中，通常用它来检验电子对抗装备的各项性能以及评估电子对抗装备的健康状况。

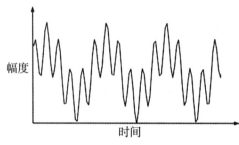

图1-19 周期信号

1.4.1.2 非周期信号

非周期信号即为波形不随时间重复变化的信号，即信号中不会重复出现相同的波形。非周期信号是日常生活中常见的信号，特别是在电子对抗装备的实际应用过程中，常常会在某些瞬间突然出现一些非周期信号（如图1-20中的毛刺信号）。这些信号往往代表着某些重要的信息，是具有很大的研究价值的信号。但是，由于非周期信号不会重复出现相同的波形，测试人员往往难以捕捉到这些瞬间出现的非周期信号。因此，非周期信号具有十分重要的研究意义。

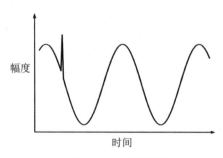

图1-20 非周期信号

1.4.2 模拟信号与数字信号

1.4.2.1 模拟信号

模拟信号是指用连续变化的物理量表示的信号，其信号的幅度、频率、相位随时间作连续变化。模拟信号的主要特征就是"连续"，模拟信号的信号波形可以杂乱无章，但它在时间上一定是连续不断的。生活中有很多模拟信号，例如，家用电器的电信号就是220V的交流模拟信号。图1-21给出了一个模拟信号的例子。

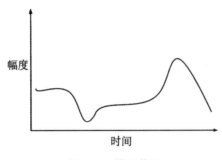

图1-21　模拟信号

1.4.2.2　数字信号

数字信号（图1-22）是指用一组特殊状态描述的信号，其主要特征是"不连续"。典型的数字信号就是用二进制数字（"0"和"1"）来表示电路状态的信号，之所以采用二进制数字表示电路状态，其根本原因是电路只包含两种状态，即电路的通与断。在实际的数字信号传输中，通常是将一定范围的信息变化归类为状态0或状态1，这种状态的设置大大提高了数字信号的抗噪声能力。不仅如此，在保密性、抗干扰、传输质量等方面，数字信号都比模拟信号要好，且更加节约信号传输通道资源。

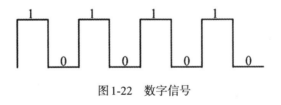

图1-22　数字信号

1.4.3　信号调制与解调

在信息传输时，包含传输信息的信号被称为基带信号。如果直接将基带信号进行传输，那么可能导致信号的信息丢失。因此，为了保证信息能够顺利传输，人们通常把基带信号加载在另一个不含信息的载波信号上进行传输，这个过程就称为信号的调制，基带信号和载波信号结合后产生的信号被称为调制信号。在接收到调制信号之后，需要对其进行相应的解调操作，以便获得含有信息的基带信号。

1.4.3.1　信号调制

信号包括模拟信号和数字信号两种类型，因而信号调制的方式也被分为模拟调制和数字调制两种。

1. 模拟调制

模拟调制指的是用模拟信号对载波进行的调制，主要包括幅度调制（AM）和频率调制（FM）。模拟调制技术主要被运用在无线电通信领域，日常生活中车载广播中提到的AM或FM就是表示运用了不同的模拟调制方法来进行信号的收发。

（1）幅度调制（AM）

幅度调制（简称为"调幅"）是一种使载波信号的幅度按照所需传送基带信号的变化规律而变化，但载波信号频率保持不变的调制方法。如图1-23所示，基带信号在经过载波信号进行调幅之后，其波形信息被加载到了调制信号中，调制信号的包络即反映了基带信号的波形信息。

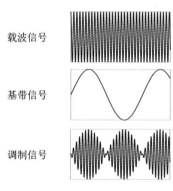

载波信号

基带信号

调制信号

图1-23　模拟信号的幅度调制

（2）频率调制（FM）

频率调制（简称"调频"）是一种使载波信号的瞬时频率按照所需传递基带信号的变化规律而变化的调制方法。调频被广泛用于调频广播、电视伴音、微波通信、锁相电路和扫频仪等方面。相对于调幅来说，调频具有抗干扰能力强、频带宽、功率利用率高等特点。图1-24展示了一个调频波的例子，从图1-24可以看出，随着基带信号的幅度的变化，调频信号的频率也在发生变化。因此，基带信号波形中携带的信息就被加载到了调频信号的频率变化中。

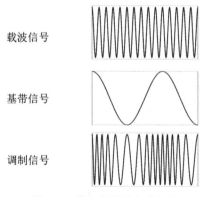

载波信号

基带信号

调制信号

图1-24　模拟信号的频率调制

2. 数字调制

数字调制指的是用数字信号对载波的调制，主要包括幅移键控（ASK）、频移键控（FSK）以及相移键控（PSK）。其主要思想就是利用两个不同的信号的幅度、频率以及相位信息来对二进制数字信号中的"0"和"1"进行表示。

（1）幅移键控（ASK）

以基带数字信号控制载波信号的幅度变化的调制方式称为幅移键控（ASK），又称数字调幅。在 ASK 中，数字调制信号的每一特征状态都用正弦信号幅度的一个特定值来表示。ASK 通过改变载波信号的振幅大小来表示数字信号"1"和"0"，不同的载波幅度分别代表了数字信号中"0"和"1"的信息。图 1-25 展示了一个 ASK 的例子，从图 1-25 中可以看到，数字信号不同的状态对应着正弦信号的不同幅值。

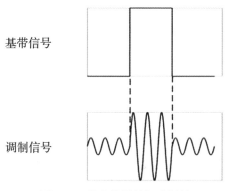

图 1-25　数字信号的幅移键控

（2）频移键控（FSK）

以数字信号控制载波频率变化的调制方式，称为频移键控（FSK）。频移键控是信息传输中使用得较早的一种调制方式，它的主要优点是：实现起来较容易，抗噪声与抗衰减的性能较好，FSK 对于中低速数据的传输具有很好的效果。FSK 的例子如图 1-26 所示，不同频率的正弦波信号代表了数字信号的不同状态。

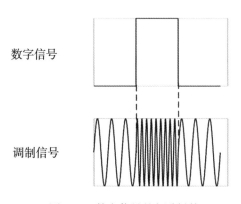

图 1-26　数字信号的频移键控

（3）相移键控

相移键控（PSK）：一种用载波信号相位表示基带数字信号信息的调制技术。以二进制PSK为例，数字信号状态为"1"时，调制信号与载波信号同相；数字信号状态为"0"时，调制信号与载波信号反相；"1"和"0"对应的调制信号相位差为180°。一个PSK的例子，如图1-27所示。

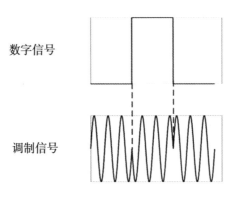

数字信号

调制信号

图1-27 数字信号的相移键控

1.4.3.2 信号解调

在信息接收时，接收到的往往是载波信号和基带信号结合的调制信号，调制信号通常还会包含一定的干扰信号。为了从调制信号中得到基带信号所包含的信息，测试人员需要用信号解调的方法把基带信号从调制信号中分离出来。

信号解调是信号调制的逆过程，是为了把基带信号完整的从调制信号中分离出来的过程。信号在调制时使用的方式不同，进行信号解调方法也不一样。解调可分为正弦波解调（有时也称为"连续波解调"）和脉冲波解调。正弦波解调还可再分为幅度解调、频率解调和相位解调，此外还有一些变种如单边带信号解调、残留边带信号解调等。同样，脉冲波解调也可分为脉冲幅度解调、脉冲相位解调、脉冲宽度解调和脉冲编码解调等。

1.4.4 电子对抗领域常见信号

多种不同类型的信号在电子对抗领域中得到了广泛的应用，例如，调频连续波（FMCW）雷达中的正弦波调制信号、三角波调制信号以及锯齿波调制信号；脉冲雷达、脉冲压缩雷达以及脉冲多普勒雷达中用到的脉冲调制信号；噪声雷达中用到的噪声信号等。因此，本部分主要对电子对抗领域中常见的信号进行介绍。

1.4.4.1 正弦波信号

正弦波（图1-28）是频率成分最为单一的一种信号，因这种信号的波形是数学上的正弦曲线而得名。任何类型的复杂信号——例如雷达的发射和回波信号，都可以看成由许许多多频率不同、大小不等的正弦波复合而成。在FMCW雷达中利用正弦波调制检测物体时，大多应用于只有一个探测目标的情况，比如利用正弦波调制探测高度。

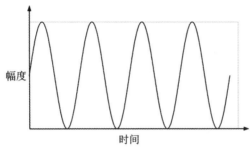

图1-28　正弦波信号

1.4.4.2　脉冲信号

脉冲信号的形状多种多样，波形与波形之间有明显的间隔。一般来说，在电子对抗领域中用来进行信号调制的脉冲信号都具有一定的周期性，最常见的脉冲信号是矩形波（图1-29）。利用脉冲信号得到的调制信号具有良好的抗干扰特性，因此，脉冲信号常被用来表示信息或作为载波，比如脉冲调制中的脉冲编码调制，脉冲宽度调制，等等。除此之外，脉冲信号还可以作为各种数字电路、高性能芯片的时钟信号。

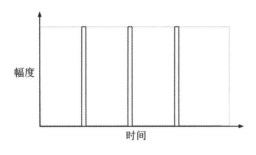

图1-29　脉冲信号

1.4.4.3　锯齿波信号

锯齿波（图1-30）是电子对抗领域常见的波形之一。标准锯齿波的波形先呈直线上升，随后以一定的斜率下降，再上升，再下降，如此反复。由于它具有类似锯子一样的波形，即具有一条斜线和一条垂直于横轴的直线的重复结构，它被命名为锯齿波。锯齿波调制表示用锯齿波信号调制载波的频率，在FMCW雷达中，锯齿波调制主要用来测量雷达到物体的距离，不能测量物体的速度。

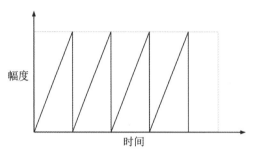

图 1-30　锯齿波信号

1.4.4.4　线性调频信号

　　线性调频信号的载频在调制的时间宽度内按线性规律变换，即对载频进行线性调制，以此来展宽发射信号的频谱，也称为"Chirp 信号"。线性调频信号是电子对抗领域的常用信号，例如，雷达定位技术中，它可在增大射频脉冲宽度、提高平均发射功率、加大通信距离的同时又保持足够的信号频谱宽度，不降低雷达的距离分辨率。线性调频信号的时域波形如图 1-31 所示，其对应的频谱如图 1-32 所示。

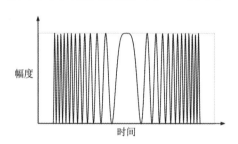

图 1-31　线性调频信号时域波形

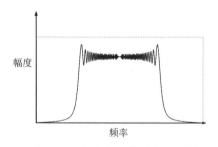

图 1-32　线性调频信号频域波形

1.4.4.5　脉冲调制信号

1. 脉冲调制信号的波形

　　在电子对抗领域中，脉冲调制信号是最常被使用的一种信号。如图 1-33 所示，脉冲信号常被用来作为基带信号，脉冲信号经过高频载波的调制之后形成脉冲调制信号。

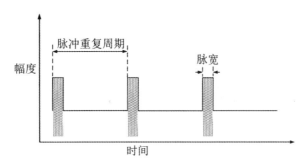

图1-33 脉冲调制信号

脉冲宽度（简称为"脉宽"）以及脉冲重复周期是区分不同脉冲调制信号的两个重要的指标参数。如图1-33所示，脉宽即表示脉冲调制信号凸起部分的宽度，而脉冲重复周期则表示脉冲调制信号重复出现的时间。

2. 脉冲调制信号的频谱

图1-34中，脉冲调制信号的频谱包络为辛格函数的形状，频谱的中间部分为主峰，主峰旁边还有若干小的边峰。频谱中若干谱线为脉冲信号包含的频率分量，谱线的高度代表频谱分量能量的大小，两根谱线之间的距离为脉冲重复频率，其大小等于脉冲重复周期 T 的倒数，最中间的谱线表示图1-33脉冲调制信号中正弦波（载波信号）的频率 f_0。脉冲调制信号频谱各边峰的宽度都相同，各边峰的宽度在数值上等于脉冲宽度 τ 的倒数，主峰的宽度为各个边峰宽度的两倍。

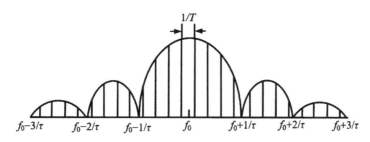

图1-34 脉冲调制信号的频谱

1.4.4.6 噪声信号

噪声信号（图1-35）是一种无规律的信号，它的波形常常呈现出散乱、无序、非周期的特点。然而，基于噪声信号的噪声雷达却具有很强的抗干扰的能力。并且，在噪声雷达的基础上发展起来了两种常用的噪声雷达，它们分别为超宽频随机噪声成像雷达以及伪随机码连续波雷达。

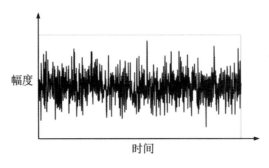

图 1-35　噪声信号

1.5　常用电学物理量的 dB 表示形式

1.5.1　dB 的概念

dB（分贝）并非为一个单位或数值，而是指一种以对数为基础的运算方法，其意义为两个同种物理量之间的倍数关系。在实际应用中，电子对抗装备所覆盖的探测范围十分广阔。因此，在电子对抗装备的使用过程中，与其相关的参数的数值范围也特别宽。在 dB 的定义下，人们可以更方便地对数值相差很大的参数进行很好的表示。例如，图 1-36 展示了两类不同天线的增益，由于这两类天线的增益数值相差过大，观测人员很难将它们在同一个坐标系中很好地展示出来。但在 dB 的表示方式下，这两个天线的增益就可以很好地呈现给观测人员。此外，dB 形式的数值也可以把复杂的乘除运算转换为简便的加减运算，极大地简化了数据的分析处理过程。以电子对抗领域中常见的物理量（电流 I、电压 U、功率 P）为例，用 dB 的方式来表示电路中输出量与输入量之间的增益 A，具体运算方式如下：

$$A_I \text{dB} = 20\lg(I_o/I_i)$$

$$A_U \text{dB} = 20\lg(U_o/U_i)$$

$$A_P \text{dB} = 10\lg(P_o/P_i)$$

其中，I_o、U_o 和 P_o 分别为电路中输出的电流、电压以及功率；I_i、U_i 和 P_i 分别为电路中输入的电流、电压以及功率；A_I、A_U、A_P 分别为电流 I、电压 U、功率 P 输出与输入之间的增益。值得注意的是，在 dB 的计算公式中，电压和电流的常数系数（20）是功率的常数系数（10）的两倍。

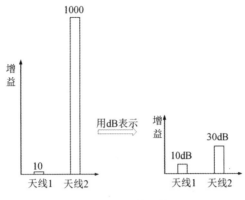

图1-36　dB的用处

1.5.2　与dB有关的单位

虽然dB只能表示相对数值，但是，如果把对数运算中的分母设置为一个固定的参考基准，那么就可以得到一些与dB有关的单位。例如，dBm就是以1 mW为参考基准进行dB运算的单位。假设某个设备的功率为10 dBm，那么有10 dBm=10lg（10 mW/1 mW）。因此，与10 dBm对应的功率P就等于10 mW。表1-4展示了一些在电子对抗领域常见的以dB为前缀的单位。

表1-4　常见的与dB有关的单位

符号	表示的物理量	参考基准
dBm	功率	1mW
dBW	功率	1W
dBV	电压	1V
dBmA	电流	1mA
dBohm	电阻	1Ω
dBHz	频率	1Hz

除上述dB单位外，在电子对抗领域，还有两个常见的以dB为基础的单位：dBc和dBi。其中，dBc表示某一频点功率和其载频功率的比值的对数表示形式，常被用来度量干扰、耦合以及杂散的相对量值；dBi则表示以全方向性天线为参考基准时的天线增益的相对量值。

功率是电子对抗领域中最重要的物理量之一，表1-5给出了一般功率单位与dB功率单位之间的换算关系。

从表1-5中可以发现以下几个特点：

1.+10 dBm与+10 dBW对应的功率分别为10 mW与10 W，分别是参考基准1 mW与1 W的10倍。

2. –10 dBm 与 –10 dBW 对应的功率分别为 0.1 mW 与 0.1 W，分别是参考基准 1 mW 与 1 W 的 1/10。

3. +3 dBm 与 +3 dBW 对应的功率分别为 2 mW 与 2 W，分别是参考基准 1 mW 与 1 W 的 2 倍。

4. –3 dBm 与 –3 dBW 对应的功率分别为 0.5 mW 与 0.5W，分别是参考基准 1 mW 与 1 W 的 1/2。

表 1-5　常用功率转换表

dBm	dBW	W
–120 dBm	–150 dBW	1fW
–90 dBm	–120 dBW	1pW
–60 dBm	–90 dBW	1nW
–30 dBm	–60 dBW	1μW
–10 dBm	–40 dBW	0.1mW
–3 dBm	–33 dBW	0.5mW
0 dBm	–30 dBW	1mW
+3 dBm	–27 dBW	2mW
+10 dBm	–20 dBW	10mW
+20 dBm	–10 dBW	0.1W
+27 dBm	–3 dBW	0.5W
+30 dBm	0 dBW	1W
+33 dBm	+3 dBW	2W
+40 dBm	+10 dBW	10W
+60 dBm	+30 dBW	1kW
+90 dBm	+60 dBW	1MW
+120 dBm	+90 dBW	1GW

在表 1-5 内容的基础上结合上述特点，可以发现，在对功率进行计算时，每增加 3 dB，功率变为原来的 2 倍；每减少 3 dB，功率变为原来的 1/2；每增加 10 dB，功率变为原来的 10 倍；每减少 10 dB，功率变为原来的 1/10。因此，可以总结出一个对 dB 进行计算的口诀：

加 3 乘 2，加 10 乘 10。

减 3 除 2，减 10 除 10。

同时，注意到 1 W=30 dBm。在这个等式的基础上，结合上述口诀，就可以方便地对带有 dBm 单位的数值进行换算。例如，当需要换算 46 dBm 的数值时，首先对 46 dBm 进行分解：46 dBm = 30 dBm + 10 dB + 3 dB + 3 dB；然后，运用上述口诀与等式，可以得到 46 dBm = 1 W × 10 × 2 × 2 = 40 W。

在对不同类别的dB单位进行换算时，首先找到一个该单位的基准与对应dB单位的等式（例如，1 W=30 dBm），然后在此等式的基础上结合上述口诀，就可以方便地对带有dB的单位进行换算。

1.6 测量误差理论

误差指的是测量结果与被测对象真实值之间的差距。对电子对抗装备中的性能参数进行测试时，需要在特定的测量环境中借助一定的测量仪器、参考相应的测量方法以及依赖专业的测量人员等条件。然而，电子对抗装备实际测量过程中存在的测量仪器不准确、测量环境变化、测量人员的身体状况变化等原因，都可能导致测量误差的产生。因此，在对电子对抗装备操作的过程中，用户必须要了解误差的基本理论以及消除误差的相关方法，从而得到更精确的测量结果，以便于尽可能地保障电子对抗装备的正常运行。

1.6.1 误差的来源

实际的测量过程涉及诸多因素，例如测量仪器的运行状况、测量环境的状况、测量人员的身体情况等等。为尽可能地保证测量过程的准确无误，这里从测量仪器、测量环境、测量方法以及测量人员四个方面来分析测量误差的来源。

1.6.1.1 测量仪器的误差

测量仪器的误差指的是由于测量仪器在制造或使用过程中造成的缺陷以及测量仪器本身测量性能的限制，导致测量结果出现的偏差。例如，由于长时间未进行校准导致的指针式电压表的零点漂移。为尽可能地减小测量仪器的误差，应尽量使用高精度的测量仪器，并定期对测量仪器进行检定，在使用仪器的过程中也应该严格参照测量仪器的使用手册，按规定对测量仪器进行相关的操作。

1.6.1.2 测量环境的误差

测量环境的误差指的是由于温度、湿度、电磁场等环境因素不符合测量要求，导致测量仪器或被测对象的测量特性发生改变，从而造成的测量误差。例如，在对电阻进行阻值测量时，由于环境温度过高导致的电阻本身阻值的增加。因此，为减小测量环境带来的误差，测量时应严格控制测量环境的条件，使其满足测量仪器和被测对象的正常工作条件。

1.6.1.3 测量方法的误差

测量方法的误差指的是由于测量方法不完善、理论依据不严密、对某些测量方法进行了不恰当的修改而产生的误差。例如，使用伏安法测量电阻时电流表或电压表引入的误差（图1-37）。测量方法带来的误差通常以某种特定的形式出现，一般情况下，在了解了误差产生的具体原因后，可以通过相关的计算和分析来消除由测量方法带来的误差。

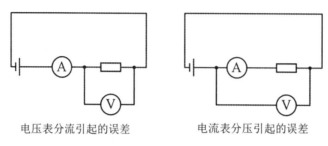

电压表分流引起的误差　　　　　电流表分压引起的误差

图 1-37　伏安法测电阻

1.6.1.4　测量人员的误差

测量人员的误差指的是由于参与测量人员感官的分辨能力、判断速度、固有习惯等因素，导致在测量过程中出现仪器操作不当、现象判断出错以及数据读取偏差，从而使得测量结果出现的误差。为减小由于测量人员引起的误差，应该加强对测量人员专业技术的培训，使测量人员养成良好的测量习惯。

1.6.2　误差的表示方法

误差表示测量结果与被测量值的真实值之差，在进行误差分析之前，先介绍一下与误差相关的几个概念。

1.6.2.1　真值

真值也叫真实值，表示被测量的真实的值，是一个理论上的概念。在实际的测量过程中，人们难以得到被测量的真值，一般用实际值作为替代。

1.6.2.2　实际值

实际值是被用来替代真值进行误差计算的被测量的值，也被称为约定真值。实际值一般由高精度的测量仪器，在严格的环境条件下测量得到。实际值并不等于真值，它与真值之间具有一定的误差。

1.6.2.3　示值

示值表示日常测量过程中测量仪器的显示值。在一般的测量工作中，人们通常采用示值与实际值之差来作为测量结果的误差。

1.6.2.4　绝对误差

绝对误差表示测量值与真值之差，根据其定义，绝对误差的计算公式如下：

$$\Delta x = x - A_0$$

式中，Δx 表示测量结果的误差，x 表示实际的测量结果；A_0 表示被测量值的真值。由于真值是一个理论值，在实际测量过程中难以得到。因此，人们一般用被测量的实际值 A 来代替真值进行绝对误差的计算，得到的更有实际意义的误差的表示如下：

$$\Delta x = x - A$$

得到绝对误差之后，为了方便对误差进行修正，人们定义了修正值的概念，在这里用字母 C 来表示。修正值表示绝对误差的相反数，其数学表达式如下：

$$C = -\Delta x = A - x$$

把测量仪器得到的测量结果加上修正值之后，就可以得到对测量结果更为准确的表示。

1.6.2.5 相对误差

在使用绝对误差对测量结果进行评价时，虽然它可以很好地说明测量结果对实际值的偏离程度，但是并不能直观地给出测量结果的准确程度。例如，如图 1-38 所示，用电流表1对实际值为0.1A的电流进行测量，得到的结果为0.2A；用电流表2对实际值为1A的电流进行测量，得到的结果为1.1A。这两者的绝对误差都为0.1A，但是，根据图1-38中电流表1与电流表2的指针偏差的对比来看，两个电流表得到的测量结果的准确程度肯定是不一致的。因此，为了能使测量人员更为直观地理解不同仪器仪表的准确程度，人们利用相对值来对误差进行描述。

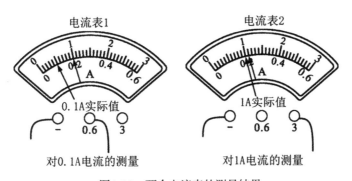

图 1-38 两个电流表的测量结果

1.相对误差γ、实际相对误差γ_A、示值相对误差γ_x

在这里用字母 γ 表示相对误差。相对误差 γ 被定义为绝对误差 Δx 与真值 A_0 之比，其数学表达式如下：

$$\gamma = \frac{\Delta x}{A_0} \times 100\%$$

可以看出，相对误差是一个没有单位的值，它代表测量误差占真值的比重。与绝对误差类似，由于真值 A_0 是一个理论值，在实际情况中，相对误差的计算过程也采用实际值 A 来对真值进行替代。通过这种替代方法，得到了实际相对误差 γ_A：

$$\gamma_A = \frac{\Delta x}{A} \times 100\%$$

在对测量精度的要求较小，测量误差不大的情况下，也可以用测量得到的被测量的示值x来代替实际值，得到的相对误差被称为示值相对误差γ_x：

$$\gamma_x = \frac{\Delta x}{x} \times 100\%$$

2. 满度相对误差γ_m

满度相对误差γ_m也被称为引用相对误差，其被定义为用测量仪器在一个量程范围内出现的最大绝对误差Δx_m与量程x_m之比来表示的相对误差，其数学表达式如下：

$$\gamma_m = \frac{\Delta x_m}{x_m} \times 100\%$$

满度相对误差体现了测量仪器的最大测量误差，反映了测量仪器综合误差的大小。因此，很多电工仪表利用满度相对误差来进行分级。我国的电工仪表共分为七级：0.1、0.2、0.5、1.0、1.5、2.5以及5.0。其中，每一级的数字反映了该级仪表对应的满度相对误差的范围，仪表所在级别的数字越小，表示该仪表的满度相对误差就越小。例如，1.0级的仪表就表示该仪表的满度相对误差$1.0\% \geqslant |\gamma_m| \geqslant 0.5\%$。值得注意的是，满度相对误差反映的是仪表在整个量程内综合误差的情况，并不代表仪表的每个刻度的值都满足满度相对误差的要求。

3. 分贝误差

1.5章节中提到了关于物理量的分贝表示形式，类似的，相对误差的分贝表示形式被称为分贝误差γ_{dB}。分贝误差可以表示范围较大的相对误差，被广泛地应用于电流、电压以及功率等物理量增益或衰减的测量过程中。

若某电压的实际增益为A，而测得的电压增益示值为A_x，那么该电压的分贝误差γ_{dB}为

$$\gamma_{dB} = 20\lg\left(1 + \frac{A_x - A}{A}\right)$$

注意到，公式中$\frac{A_x - A}{A}$其实就是实际相对误差γ_A的计算表达式，因此，该电压的分贝误差γ_{dB}还可以表示为下列形式：

$$\gamma_{dB} = 20\lg(1 + \gamma_A)$$

若将上述被测物理量换成功率，那么分贝误差的计算方法为

$$\gamma_{dB} = 10\lg(1 + \gamma_A)$$

1.6.3 误差的分类

由1.6.1中可知，测量过程受到多种因素的共同影响，因此，误差的种类也多种多样。从误差的性质来说，大致可以把误差分为三类：随机误差、系统误差和粗大误差。

1.6.3.1 随机误差

随机误差表示在相同的测量条件下对同一个被测对象进行多次重复测量时，每次测量结果的误差都以一种无规律的状态发生变化。随机误差是测量过程中最常见的误差，导致随机误差产生的因素有很多，包括噪声干扰、电磁场干扰、温度的变化、测量人员操作的微小差别等等。下面将从随机误差的性质以及分布两个方面对其进行介绍。

1. 随机误差的性质

虽然随机误差的变化是无规律的，但是通过对随机误差的大量研究，人们发现大部分随机误差都服从图1-39所示的正态分布。图1-39中横轴代表随机误差的大小，纵轴的概率密度表示随机误差出现的可能性，概率密度越大，对应的随机误差出现的可能性也就越大。通过图1-39中的概率密度曲线，可以看出，随机误差主要存在以下几点性质：

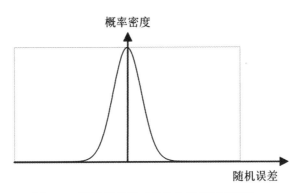

图1-39 随机误差的正态分布概率密度函数

（1）对称性

随机误差的对称性表示在多次实验中，绝对值相同的正随机误差和负随机误差出现的概率相同。因此，随机误差的概率密度曲线以随机误差等于0的直线为对称轴对称。这里的概率相同指的是在大量的实验中，绝对值相同的正随机误差和负随机误差出现的次数大致相同，并非完全相等。

（2）单峰性

随机误差的单峰性表示绝对值小的随机误差出现的概率比绝对值大的随机误差出现的概率大。在以随机误差为横轴，概率为纵轴的坐标系中，随机误差为0处的概率最大，越往两边概率越小（图1-39）。因此，随机误差为0处的概率就形成了一个类似于"山峰"的形状，故而该性质被称为单峰性。

（3）有界性

随机误差的有界性表示随机误差绝对值的大小是有一定限度的，不会超过某个特定的范围。从图1-39中可以看出，随着随机误差的绝对值扩大，其概率密度逐渐趋近于0，也就是说，随机误差的绝对值越大，它出现的可能性就越小。

（4）抵偿性

随机误差的抵偿性表示当测量次数趋近于无穷大时，所有次测量当中的随机误差之和为0。其实，随机误差的抵偿性与对称性具有很大的关系。由于多次测量中绝对值相同的正负误差出现的概率相同，所有随机误差之和自然就等于0了。

在工程应用中，随机误差的抵偿性常常被用来减小随机误差对测量结果的影响，具体做法为：在相同条件下对同一个被测量进行多次测量并求平均值。

2. 随机误差的分布

在上一小节已经说明，大部分随机误差都可以用正态分布来进行描述，而这种随机误差的正态分布模型，可以用高尔顿钉板实验来模拟。如图1-40所示，高尔顿钉板的上半部为一颗颗排列成三角形的钉子，钉子与钉子之间的距离相等，每上一层中的每颗钉子的水平位置都位于下一层两颗钉子的正中间。实验开始后，从入口不断地放入略小于钉子之间间隙的小圆球，小圆球碰到钉子之后以随机的方式向左或向右滚动，直至落在高尔顿钉板下半部的各个格子中。只要投放的小圆球的数量足够多，那么小圆球在底部的格子中将堆成如图1-39中所示的正态分布的概率密度曲线的形状。

高尔顿钉板实验证明了自然界中的绝大多数随机误差都可以用正态分布来进行描述。并且，人们通过大量的工程实践发现，大部分随机误差确实具有正态分布的特征。

图1-40　高尔顿钉板

1.6.3.2　系统误差

在实际的测量过程中，除了随机误差的影响外，系统误差也是影响测量结果精确度的重要因素。系统误差指的是在相同条件下对同一个被测量进行多次重复测量时，测量结果误差的绝对值和正负符号不变或随着测量条件的改变发生有规律变化的误差。导致系统误差产生的原因有很多，主要包括测量仪器的漂移、测量人员的固有习惯以及测量环境的变化等等。本小节将从系统误差的分类、系统误差的判断方法、系统误差的削弱和消除三个方面来介绍系统误差。

1. 系统误差的分类

根据系统误差是否会随时间发生变化，可将其分为定值系统误差（不随时间发生变化）以及变值系统误差（随时间发生变化）。

（1）定值系统误差

定值系统误差指的是在相同条件下对同一个被测量进行多次重复测量时，测量误差的绝对值和正负符号随时间的流逝而保持不变的误差。例如，由于温度改变导致的电阻阻值的偏差、电表的零点漂移等等，都属于定值系统误差。

（2）变值系统误差

变值系统误差表示在测量过程中，误差的大小或方向随着测量的一个或几个因素的改变而发生变化的系统误差。根据误差变化的规律，变值系统误差可以被分为线性变化的系统误差、周期性变化的系统误差以及按照复杂规律变化的系统误差（图1-41）。

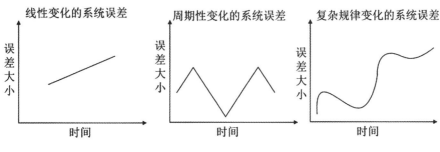

图1-41　变值系统误差

2. 系统误差的判断方法

由于存在变值和定值两种类型的系统误差，根据它们各自的特点，选取不同的方法对其分别进行判断。

（1）对比检定法

对比检定法指的是改变测量条件，并再次对同一个被测量进行测量，以两次测量之间的差值作为测量仪器的定值系统误差。例如，第一次使用万用表A对电阻R进行测量，得到结果为10Ω；第二次采用精度更高的万用表B对同一个电阻R进行测量，得到的结果为10.5Ω。那么，万用表A对该电阻R测量结果的系统误差即为–0.5Ω。

（2）残差观察法

残差表示测量数据与测量数据真值的估计值之差（一般用平均值代替）。残差观察法则指的是利用多次测量的残差来判断系统误差的方法。如果多次测量的残差值呈现如图1-42（a）所示逐步增加的趋势，那么就可以判断测量误差当中存在系统误差。

残差观察法只适用于系统误差比随机误差大的情况，如果系统误差比随机误差小，那么残差就主要体现了随机误差的特性，因而难以判断系统误差的情况，如图 1-42（b）所示。

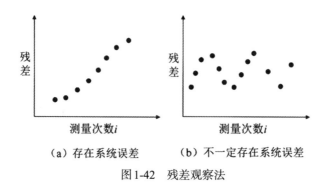

（a）存在系统误差　　（b）不一定存在系统误差

图1-42　残差观察法

除上述检验系统误差的方法外，还有均值与标准差比较法、阿贝判据以及阿贝-赫梅特判据等方法，感兴趣的读者可以自行查阅相关资料。

3.系统误差的削弱和消除

（1）从产生的源头消除系统误差

在测量仪器的安装使用过程中应严格按照使用手册，避免由于安装或使用不当而造成较大的系统误差；应定期地对测量仪器进行相关的校准和检定工作，避免因长期使用导致测量仪器产生系统误差；在测量过程中应严格注意周围环境条件的影响，避免由于环境的变化导致测量结果中包含系统误差。

（2）采用修正的方法减小系统误差

修正指的是预先利用检定或校准的方法得到不同量值下测量仪器系统误差的估计值，从而绘制出不同量值对应的系统误差修正曲线。在实际测量时，把得到的量值加上系统误差曲线中的修正值，最终达到减小系统误差的目的。

（3）采用一些专门的测量方法

在误差理论中包含很多不同类型的测量方法，可以利用它们来改进测量过程，从而达到减小系统误差的目的。例如替代测量法、微差测量法、中介源测量法等等，都是比较常见的用来减小系统误差的方法。

1.6.3.3　粗大误差

粗大误差主要指的是导致测量结果明显偏离被测量实际量值的误差。例如，对量值约为0.4A的电流进行测量时，记录的测量结果却为2A。粗大误差的存在会导致测量结果的误差远远偏离其实际量值，因此，必须对包含粗大误差的测量结果进行剔除。

1.防止与消除粗大误差的方法

产生粗大误差的原因主要为测量人员的疏忽。因此，为避免粗大误差的产生，应该提高测量人员的专业素养，使其养成良好的测量习惯。在进行重要测量任务时，可以多安排几个测量人员同时进行测量任务。此外，测量过程中环境因素的改变也可能导致粗大误差的产生。因此，确保测量环境条件的平稳正常，也是防止产生粗大误差的重要手段。

2. 粗大误差的剔除准则

在实际测量过程中，为尽可能地确保测量结果的准确性，每次对测量结果进行处理之前都需要对得到的测量值进行是否包含粗大误差的判别。下面介绍一种常用的粗大误差的判别方法：莱特检验法。

莱特检验法的具体内容如下：在对同一个值进行 n 次测量后，求得各测量结果的残差 $v_i(i=1,2,3,\cdots,n)$ 以及所有测量结果的标准偏差 s。如果 $|v_i|>3s$，那么就认为该残差 v_i 对应的测量结果中包含粗大误差。

莱特检验法是以测量次数充分大为前提的检验方法，一般来说，如果测量次数小于 10 次，莱特准则就不适用了。除莱特准则之外，检验粗大误差的方法还有肖维勒准则、格拉布斯准则、狄克逊准则等，感兴趣的读者可以自行查阅相关资料。

1.6.3.4 测量结果的表征

随机误差，系统误差以及粗大误差都会对测量结果产生影响，但它们对测量结果影响的形式都各不相同。图 1-43 展示了由三种测量误差导致的测量结果在数轴上的位置变化。

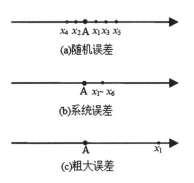

图 1-43　三种误差在数轴上的分布

其中，A 为被测量的真值，$x_1 \sim x_6$ 均为带有误差的测量值。在图 1-43（b）中，主要展示了定值系统误差对测量结果的影响。

由图 1-43 可知，不同类误差对测量结果的影响各不相同，一般采用精密度、准确度和精确度三个指标来表征不同误差对测量结果的影响。精密度表示测量结果的集中程度，主要用来刻画随机误差的影响；准确度表示测量结果对真值的偏离程度，主要用来刻画系统误差的影响；精确度综合了精密度与准确度的内容，是反映随机误差与系统误差对测量结果影响程度的综合指标。可以用图 1-44 所示的射击打靶的实例来说明三个指标的含义，图 1-44（a）表示随机误差大，系统误差小；图 1-44（b）表示随机误差小，系统误差大；图 1-44（c）表示随机误差和系统误差都小。

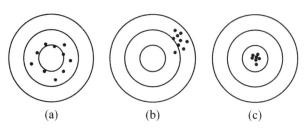

图1-44　射击误差示意图

1.6.4　误差的合成与分配

1.6.4.1　误差的合成

在进行测量任务时，有可能涉及多个误差同时对测量结果产生影响的情况。例如，使用电桥法测电阻（图1-45）的时候，参考电阻的误差、电流计的误差、测量人员对电桥平衡的判断误差等，都会同时对电阻的测量结果产生影响。因此，需要采用误差合成的方法来同时考虑多个误差对测量结果的综合作用。

常用的误差合成的方法有：代数和法（将各个部分误差直接求和）、绝对值和法（将各个部分误差绝对值求和）、方和根法（将各个部分误差的平方求和再开根号）等等。

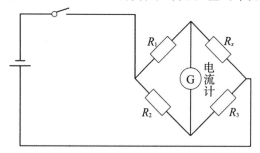

图1-45　电桥法测电阻

1.6.4.2　误差的分配

误差的分配与误差的求和是一对互逆的过程。以图1-45中展示的电桥法测电阻为例，误差的分配就是在知道电阻测量结果的误差之后，推断参考电阻以及电流计等部件带入测量中的误差。一般来说，误差的分配可以按照等影响原则对各个部分进行平均分配。在某些特定的测量任务中，可以在等影响原则分配误差的基础上，根据具体情况进行适当调整。对难以实现测量的误差项适当扩大，对容易实现的误差项尽可能缩小，其余误差项不予调整。

1.6.5　测量不确定度

1.6.5.1　测量不确定度的概念

由于被测量的真值是未知的，因此测量误差只能被用来定性地描述测量值的偏差，具有一定的局限性。而测量不确定度表示由于测量误差的影响而对测量结果的不可信程度或有效性的怀疑程度，它是能定量说明测量结果质量的参数，是用来衡量被测量的分散特性并与测量结果相联系的参数。虽然测量不确定度在概念上与误差不同，但是导致测量不确定度产生的原因却与误差相似。测量不确定度的来源主要有：测量仪器、测量方法、测量人员以及测量环境。

1993年，国际不确定度工作组制定了《测量不确定度表示指南》，经国际计量局等国际组织批准执行，由国际标准化组织公布。我国参考上述国际标准的基本内容，于1999年批准公布了《测量不确定度评定与表示》计量技术规范。

1.6.5.2 测量不确定度的分类

根据测量不确定度的计算及表示的方法不同，可以将其分为三个类别：标准不确定度、合成标准不确定度以及扩展不确定度。

1. 标准不确定度

标准不确定度指的是用概率分布的标准偏差表示的不确定度，一般用符号u来表示。标准不确定度的评定有A类和B类两种不同的方法，用这两种方法得到的标准不确定度分别用u_A和u_B表示。

（1）标准不确定度的A类评定

标准不确定度的A类评定u_A表示用统计学的方法得到的不确定度，通常直接令其等于被测量多次测量的标准偏差σ。u_A的计算方式如下：

$$u_A = \sigma$$

而标准偏差σ表示对被测量x进行n次重复测量所得结果$x_i(i=1,2,3,\cdots,n)$对于平均值$\bar{x}$的波动程度，$\bar{x}$与σ的计算方式如下：

$$\bar{x} = \frac{x_1 + x_2 + x_3 + \cdots + x_n}{n}$$

$$\sigma = \sqrt{\frac{\left(x_1 - \bar{x}\right)^2 + \left(x_2 - \bar{x}\right)^2 + \left(x_3 - \bar{x}\right)^2 + \cdots + \left(x_n - \bar{x}\right)^2}{n-1}}$$

若采用算术平均值作为不确定度的测量结果时，测量结果标准不确定度的A类评定u_A则等于$\bar{x}$的标准偏差$\sigma_{\bar{x}}$，即

$$u_A = \sigma_{\bar{x}} = \frac{\sigma}{\sqrt{n}}$$

（2）标准不确定度的B类评定

标准不确定度的B类评定u_B表示用非统计学的方法得到的不确定度。一般来说，常见的标准不确定度的B类评定的相关信息主要来自对同一类被测量的历史测量数据、生产商家提供的技术说明书、计量部门给出的仪器检定证书等等。根据得到的信息，判断被测量的误差所在的最大区间$[-\alpha, +\alpha]$，然后根据被测量的分布提出一个包含因子k（与分布类型有关，通常在2～3之间），最后，标准不确定度的B类评定u_B则可以用

下式表示：

$$u_B = \frac{\alpha}{k}$$

2. 合成标准不确定度

合成标准不确定度为各类不确定度分量（$u_{A1}, u_{A2}, \cdots, u_{An}, u_{B1}, u_{B2}, \cdots, u_{Bm}$）的合成，用符号 u_c 表示。当各类不确定度分量之间互不相关时，可以用下式来进行合成标准不确定度 u_c 的计算：

$$u_c = \sqrt{(u_{A1})^2 + (u_{A2})^2 + \cdots + (u_{An})^2 + (u_{B1})^2 + (u_{B2})^2 + \cdots + (u_{Bm})^2}$$

3. 扩展不确定度

扩展不确定度由合成标准不确定度 u_c 与包含因子 k 相乘得到，用符号 U 表示，其计算式如下：

$$U = ku_c$$

其中，包含因子 k 一般根据被测量的分布来进行选择，若被测量服从正态分布，则 k 可以取 2 或 3，在具体的工程应用中，k 一般取 2。

在得到扩展不确定度 U 之后，最终的测量结果 Y 可以采取以下表示方式：

$$Y = y \pm U$$

其中，y 是被测量的最佳估计值。该式子表示被测量 Y 的可能值以较高的概率落在区间 $[y - U, y + U]$ 之内。

综上所述，各类测量不确定度之间的关系可以用图 1-46 来表示。

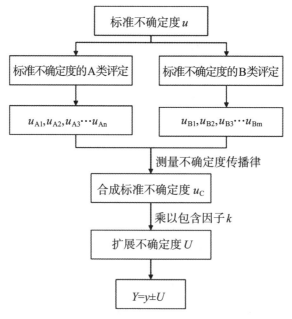

图 1-46 不确定度的分类及其关系

1.7 测量数据的处理

通过实际测量得到的电子对抗装备的性能参数测试数据，需要进行相关的处理，即计算、分析、整理后得出电子对抗装备的整体性能状况。有时候还需要把不同参数的测试数据绘制成表格、曲线或归纳成经验公式，以便得出正确、直观的结果。因此，本小节主要介绍测试数据处理的基本知识和方法。

1.7.1 有效数字的统一

很多时候，测试人员需要对不同仪器得到的多类型的测量数据进行综合分析。对于不同精度的测量仪器来说，通过它们得到的测量结果的数据位数一般是不同的。因此，为了能对不同位数的数据进行处理，需要对它们的数据位数（长度）进行统一。

1.7.1.1 数字修约规则

为了对不同长度的数据进行处理分析，需要对它们进行数字修约处理。数字修约总体上遵循"四舍五入，逢五凑偶"的规则，其具体内容如下：

1.小于5时舍去，即舍去部分的数值小于所保留末位的0.5个单位时，末位不变。例如，对数据0.3446保留至第二位小数时，其第三位小数为4<5，说明舍去部分的数值小于保留末位的0.5个单位，即0.004<（0.5×0.01）。因此，按照修约规则，这部分应该舍去，数字修约后的最终结果为0.34。

2.大于5时进1，即舍去部分的数值大于所保留末位的0.5个单位时，末位加1。例如，对数据0.34163保留至第三位小数时，其第四位小数为6>5，说明舍去部分的数值大于保留末位的0.5个单位，即0.0006>（0.5×0.001）。因此，按照修约规则，应该在第三位小数上加1，数字修约后的最终结果为0.342。

3.等于5时，取偶数，即舍去部分数值恰好等于所保留末位的0.5个单位时，如果末位是偶数，末位不变；如果末位是奇数，在末位增加1（把末位凑成偶数）。例如，对数据0.3456保留至第二位小数时，其第三位小数为5，说明舍去部分的数值等于保留末位的0.5个单位，但其末位为4，是偶数。因此，按照修约规则，其末位不变，数字修约后的最终结果为0.34。若是对数据0.3356保留至第二位小数，按照上述规则，结果也是0.34。

值得注意的是，在采用上述数字修约的规则时应该注意，数字的舍入应该一次到位，不能逐次进行舍入。例如上述第3.部分中，对0.3456保留至第二位小数时，错误的做法是：0.3456→0.346→0.35，正确的结果应该为0.34。

1.7.1.2 有效数字

1.有效数字的组成

有效数字表示实际上能测量到的数值，它由可靠数字和可疑数字组成。可靠数字表示被测量量值中可以确定数值的部分（通常为除最后一位的其他位），而可疑数字则表示被测量量值中不可以确定数值的部分（通常是量值的最后一位）。

图1-47展示了一个正在进行测量任务的电流表，从图中可以看出，被测电流的数值在1.5A至1.6A之间。因此，在进行读数的时候，该电流数值的最后一位是估计得到的。例如，某位测量人员读数得到该电流为1.55A，而另一位测量人员可能读数得到该电流为1.56A。由此可见，最后这位估计得到的数字就没有前两位的数字可靠，所以称其为可疑数字。

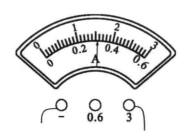

图1-47　某个正在进行测量的电流表

2. 有效数字中的"0"

在进行有效数字位数的判别时，根据所处位置的不同，数字0代表着不同的意义。从左往右数，直到出现第一个非0数字，才开始对有效数字的位数进行计数，计数的过程直到数字的末位才结束。因此，如果数字0的左边没有非0数字，那么它就不能被算作有效数字。例如，0.0003包含一位有效数字；0.0300则包含三位有效数字；0.0303也包含3位有效数字。

3. 有效数字的误差

对于有效数字来说，其误差主要来源于末位的可疑数字，误差的大小不会超过末位可疑数字的半个单位。例如：8.286的有效数字为四位，其误差小于0.0005；7.5的有效数字为两位，其误差小于0.05。

值得注意的是，对于形如 $a \times 10^n$（a 和 n 均为常数）的科学记数法来说，有效数字的计算以数字 a 为准。例如，8.5×10^3 的有效数字为两位，其误差小于 0.05×10^3。但是，对于8500来说，其有效数字则是四位，误差小于0.5。

1.7.1.3　有效数字的运算

在对不同位数的有效数字进行计算的过程中，需要考虑结果的有效数字位数的保留问题。在不同的运算方式中，保留位数的方法也各不相同。

1. 加法运算

加法运算结果位数的保留以小数点后位数最少的为准，如果各项中没有小数点，就以有效位数最少者为准，其余参与运算的各项可以多保留一位有效数字。例如：

$$10.2838 + 15.03 + 8.69547$$
$$\rightarrow 10.284 + 15.03 + 8.695$$
$$= 34.009 \approx 34.01$$

2. 减法运算

当两个数相差很大时，其结果的位数保留原则与加法运算相同；当两个数相差很小时，可能对结果造成很大的相对误差。因此，在对测量数据进行处理的过程中，应该尽量避免减法运算，如果可能的话，应该尽可能地多保留一些有效数字。

3. 乘除法运算

在乘除法运算中，计算结果的有效数字位数以有效数字位数最少的那一项为准，其余各项数字的有效数字位数与之相等。例如：

$$\frac{17.43 \times 0.28}{3.08} \rightarrow \frac{17 \times 0.28}{3.1} \approx 1.5$$

在某些情况下，为了保证运算的精度，参与运算的各项数字的位数也可以比有效数字位数最小者多保留一位，例如上式的计算结果也可以写为1.54。

4. 乘方、开方运算

在乘方以及开方运算中，计算结果比原来的数多保留一位有效数字。例如：

$$(27.8)^2 \approx 772.8 \qquad (115)^2 \approx 1.322 \times 10^4$$
$$\sqrt{9.4} \approx 3.07 \qquad \sqrt{265} \approx 16.28$$

1.7.2 最小二乘法

1.7.2.1 最小二乘法的概念

最小二乘法是实验数据处理中的一种常用的基本方法，通过最小二乘法得到的最佳估计值，具有使所有测量值的误差平方和最小的特点。在1795年，伟大的数学家高斯率先提出这一方法并将其应用于天文观测和大地测量中。在之后的200多年里，最小二乘法被广泛地应用于科学实验与工程技术中。最小二乘法主要被应用于直线拟合、多项式拟合以及非线性参数的拟合等场景。本小节主要对应用最小二乘法进行直线拟合进行介绍，对于最小二乘法的其他应用场景，感兴趣的读者可以自行查阅相关书籍资料。

1.7.2.2 最小二乘法求直线

在对电子对抗装备的性能参数进行测量时，电流、电压、电阻、电抗等多种类型的被测量之间往往存在着大量的线性关系，这种线性关系往往可以被表示为以下形式：

$$y = ax + b$$

其中，x 和 y 是两个不同的被测量，a 和 b 是表征两个被测量之间关系的系数。为了具体地对这些线性关系进行分析，可以采用最小二乘法来求解不同线性关系的系数。假设对于被测量 x 和 y 来说，存在多组不同的测量数据 $\{x_1, x_2, x_3, \cdots, x_n\}$ 和 $\{y_1, y_2, y_3, \cdots, y_n\}$，最小二乘法的计算方法如下：

$$\bar{x} = \frac{x_1 + x_2 + x_3 + \cdots + x_n}{n}$$

$$\bar{y} = \frac{y_1 + y_2 + y_3 + \cdots + y_n}{n}$$

$$a = \frac{(x_1 y_1 + x_2 y_2 + x_3 y_3 + \cdots + x_n y_n) - n(\overline{xy})}{(x_1^2 + x_2^2 + x_3^2 + \cdots + x_n^2) - n(\bar{x})^2}$$

$$b = \bar{y} - a\bar{x}$$

在得到测量数据之后，将测量数据代入上述式子，即可求得两被测量之间的线性关系。

2 测试仪器基础

2.1 测试仪器概述

测试仪器是将被测量转换成可供直接观察的指示值或等效信息的设备。本节将对无线电、电学测试中常用的测试仪器的分类和主要功能作概括介绍。

2.1.1 测试仪器的分类

测试仪器的分类方法有很多，按照其功能分类一般可以分为以下几类。

1. 电平测量仪器

用于测量电压信号的仪器，如模拟式电压表、毫伏表、数字式电压表等。

2. 电路参数测量仪器

用于测量电子元件（如电阻、电容、晶体管等）的电参数或特性曲线的仪器，如各类电桥、Q表、RLC测试仪、集成电路参数测试仪、图示仪等。

3. 频率、时间、相位测量仪器

用于测量频率、周期、时间间隔和相位差的仪器，如各种频率计、相位计、波长计等。

4. 波形测量仪器

用于观测、记录电信号在时域的变化过程的仪器，主要指各类示波器，如模拟示波器、多踪示波器、数字存储示波器。

5. 信号分析仪器

用于观测、记录电信号在频域变化过程的仪器，如频谱分析仪、信号分析仪、失真度仪、谐波分析仪等。

6. 模拟电路特性测试仪器

用于分析模拟电路幅频特性和噪声特性的仪器，如网络分析仪、噪声系数测试仪等。

7. 数字电路特性测试仪器

用于分析数字系统中的数据流的仪器，如逻辑分析仪。

8. 测试用信号源

用于提供各种测量用信号的仪器，如各类射频信号发生器、脉冲信号发生器、任意波形发生器、函数发生器等。

本章将对电子对抗装备测试中最常使用到的信号发生器、示波器、频谱分析仪、网络分析仪和功率计进行详细介绍。

2.1.2　测试仪器的功能

各类测试仪器一般具有物理量的变换、信号的传输和测试结果的显示三种最基本的功能。

2.1.2.1　变换功能

人们一般通过对各种电效应的测量来达到对各种电学量测量的目的。比如模拟电压表就是将待测电压信号的强度转换成与之成正比的转矩来使仪表指针偏转一个角度，根据角度大小来获得电压大小，这就是一种基本的变换功能。同时被测物理量中有很大一部分是非电量，如温度、湿度、压力、流量、位移、力等。对于这些非电量，往往是通过对应的传感器将其转换成电压、电流等电学量，再通过对电学量的测量得到被测物理量。

2.1.2.2　传输功能

在遥测、遥控等系统中，现场测量结果经变送器处理后，需要经过较长的传输才能到达测试终端和控制台。不管采用有线还是无线的方式，传输过程中造成的信号失真和外界干扰等问题都会存在。因此，现代测量技术和测试仪器都必须认真对待测量信号的传输问题。

2.1.2.3　显示功能

测试结果必须以某种方式显示出来才有意义。因此，任何测试仪器都必须具备显示功能。例如，模拟式仪表通过指针在刻度盘上的位置显示测试结果，数字式仪表通过数码管、液晶屏等显示测试结果。除此以外，部分先进的仪器还会具有数据处理、记录、自检、自校、报警提示等功能。

2.2　信号发生器

信号发生器是用来产生振荡信号的一种仪器，它可以产生稳定可靠的各种信号，其产生信号的特征参数（频率、幅度、波形、占空比、调制形式等）可在一定范围内调整。信号发生器在生产实践和科技领域中都有着广泛的应用，是最基本、使用最广泛的测试仪器之一。本节将从信号发生器的用途、分类等基本知识入手，介绍信号发生器的基本工作原理和技术指标，同时给出相应的应用实例以帮助读者更好地了解信号发生器的使用。

2.2.1 信号发生器的基本概述

2.2.1.1 信号发生器的功用

信号发生器，通常也称信号源。在研制、生产、测试和维修各种电子元器件、部件以及整机设备时，都需要有信号源。将信号源产生的不同频率、不同波形的电压、电流、功率信号输入被测器件、设备上，用其他测试仪器观测被测器件或设备的输出响应、以分析和确定它们的性能参数，如图2-1所示。

作为使用最广泛的测试仪器，信号发生器主要应用于以下一些场景：

1. 用作激励源。作为某些电气设备的激励信号源。

2. 用作信号仿真。在设备测量中，常需要产生模拟实际环境特性的信号，如对干扰信号进行仿真。

3. 用作校准源。产生一些标准信号，用于对一般信号源进行校准或比对。

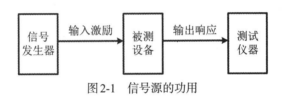

图2-1 信号源的功用

2.2.1.2 信号发生器的分类

信号发生器种类繁多，性能各异，分类方法也不尽一致，下面介绍几种常见的分类方式。

1. 按照频率范围分类

如表2-1所示，按照国际标准，频率可以划分为甚低频、低频、中频、高频、甚高频、特高频、超高频、极高频和至高频等频段。

表2-1 频段的划分

序号	频段名称	频段范围	波段名称	主要用途
1	甚低频(VLF)	3～30kHz	甚长波	音频电话、长距离导航
2	低频(LF)	30～300kHz	长波	船舶通信、信标、导航
3	中频(MF)	0.3～3 MHz	中波	广播、飞行通信、船舶通信
4	高频(HF)	3～30 MHz	短波	短波广播、军事通信
5	甚高频(VHF)	30～300Hz	米波	电视、调频广播、雷达、导航

序号	频段名称	频段范围	波段名称	主要用途
6	特高频(UHF)	0.3～3GHz	分米波	电视、雷达、移动通信
7	超高频(SHF)	3～30GHz	厘米波	雷达、中继、卫星通信
8	极高频(EHF)	30～300GHz	毫米波	射电天文、卫星通信、雷达
9	至高频(THF)	0.3～3THz	丝米波	卫星通信、雷达

表2-1中的频段划分并非绝对的。比如在电子仪器的门类划分中，"低频信号发生器"指1Hz～1 MHz频段，波形以正弦为主，或兼有方波及其他波形的信号发生器；"射频信号发生器"则是指能产生正弦信号，频率覆盖范围可以达到几十吉赫兹，并且具有一种或多种调制功能的信号发生器。这两类信号发生器的频率范围是有部分重叠的。

2. 按照输出波形分类

根据使用要求，信号发生器可以输出不同波形的信号，图2-2中给出了几种典型波形。按照输出波形的不同，信号发生器可以分为正弦信号发生器、非正弦信号发生器。非正弦信号发生器又包括脉冲信号发生器、函数信号发生器、数字信号发生器等。

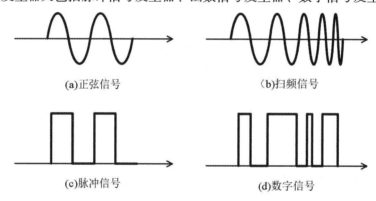

(a)正弦信号　　　　　　　　　(b)扫频信号

(c)脉冲信号　　　　　　　　　(d)数字信号

图2-2　典型信号波形

信号发生器是电子对抗装备测试中最常使用的信号发生器，下面对其工作原理、技术指标和应用实例进行详细讨论。

2.2.2　信号发生器的工作原理

信号发生器是指能够产生正弦信号，频率范围可以达到几十吉赫兹，并且具有一种或多种调制或组合调制（正弦调幅、正弦调频、断续脉冲调制）功能的信号发生器。信号发生器的输出幅度调节范围大，并且具有可调节的微弱信号输出（可小于1μV），同时为了避免信号泄漏影响测量准确性，信号发生器都具有良好的屏蔽功能。信号发生器的结构框图，如图2-3所示。一般来说信号发生器可分为调谐信号发生器、锁相信号发生器和合成信号发生器三类，不同类别信号发生器的主要区别在于振荡器产生高频正弦信号的方法不同。

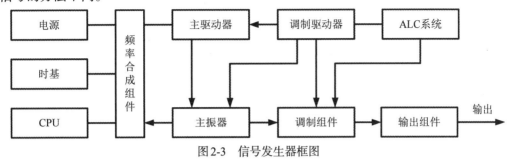

图2-3 信号发生器框图

2.2.2.1 调谐信号发生器

调谐信号发生器的振荡器通常为LC振荡器,LC振荡器的振荡频率取决于LC式反馈网络的谐振频率,其表达式为:

$$f_0 = \frac{1}{2\pi\sqrt{LC}}$$

其中f_0为谐振频率,L为电感,C为电容。调整电感L的数值可以对频段进行粗调,调整电容C的数值可以进行频率的细调。

2.2.2.2 锁相信号发生器

随着电子信息行业的发展和科学技术水平的提高,上述由LC振荡器作为主振的射频信号发生器在高频率点上已经难以满足用户对频率准确度和稳定度的需求。锁相信号发生器在传统调谐式信号发生器中增加了一个以石英晶体振荡器为基准的频率计数器,并通过锁相环技术将信号源的振荡频率锁定在频率计数器的时基上,得益于石英晶体振荡器的高稳定度,锁相信号发生器输出频率的准确度与稳定度得到了极大的提升,同时信号频谱纯度等性能也得到了改善。

图2-4中给出了锁相环电路的基本框图,主要由基准晶振、鉴相器(PD)、低通滤波器和压控振荡器(VCO)组成。通过比较两个输入信号的相位,鉴相器输出随相位差变化的直流电压信号。压控振荡器的振荡频率可以通过调整偏置电压来改变,常用的方法是通过改变电容二极管两端的电压来改变其等效电容,从而改变其构成的VCO的振荡频率。

锁相环的基本工作原理为:当压控振荡器的输出频率f_2因为某种原因发生变化时(称为锁相环的失锁),其相位也会随之产生变化,鉴相器通过比较f_1和f_2捕捉到该变化,并输出一个与相位差成正比的电压信号$u_d(t)$,通过低通滤波器得到$u_d(t)$的直流分量$u_c(t)$,将$u_c(t)$加到压控振荡器中的压控器件(如变容二极管)上来调整压控振荡器的输出频率f_2,使其向f_1的方向拉动,即频率牵引现象。随着f_2的逐渐拉动,$u_d(t)$逐渐减小,直至f_1与f_2频率一致并且相位同步,此时称为相位锁定。因此最终VCO的输出稳定度就由基准晶振的频率f_1决定。

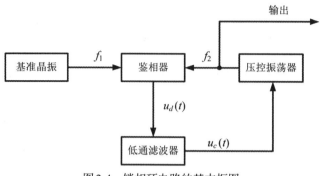

图2-4 锁相环电路的基本框图

2.2.2.3 合成信号发生器

合成信号发生器用频率合成器代替传统信号发生器中主振荡器。合成信号发生器同时具有传统信号发生器良好的输出特性、调制特性和频率合成器的高稳定度、高分辨力的优点，同时合成信号发生器的输出信号频率、电平、调制深度等都可通过程控的方式来调节。拥有良好性能的同时，合成信号发生器的电路组成也较为复杂，其核心部件是频率合成器。

频率合成器是把一个（或少数几个）高稳定度频率源 f_s 经过加、减、乘、除及其组合运算，产生在一定频率范围内按一定的频率间隔（或称频率跳步）的一系列离散频率信号的信号发生器。频率合成的方法分为直接合成法和间接合成法两类。

直接合成法是将基准晶体振荡器产生的标准频率信号，利用倍频器、分频器、混频器及滤波器等进行一系列四则运算以获得所需的频率输出。使用该种方法的合成器又可分为非相干式直接合成器和相干式直接合成器。非相干式直接合成器表示用多个石英晶体产生基准频率，加入混频器的各频率之间相互独立的合成器。相干式频率合成器表示只用一个石英晶体产生基准频率，然后把基准频率通过分频、倍频等操作加入混频器，加入混频器的各频率之间相互关联的合成器。

图2-5是相干式直接频率合成器的原理框图。图中由晶振产生1 MHz的基准信号，由谐波发生器产生相关的2 MHz、4 MHz、6 MHz等基准频率，然后通过分频器、混频器和滤波器，最后产生2.46 MHz输出信号。同理，只要选取不同的谐波进行排列组合，就能得到任意所需频率的信号。这种方法频率转换速度快，频谱纯度高，但它需要众多的混频器、滤波器，因而体积较大，价格高昂，目前多用在固定通信、电子对抗和自动测试等领域。

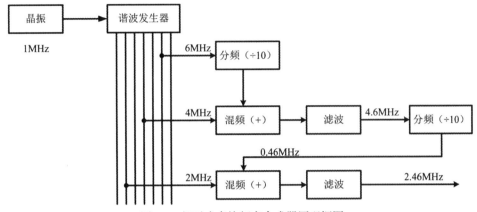

图2-5　相干式直接频率合成器原理框图

图2-6给出了间接式频率合成器的原理框图。图中压控振荡器输出频率 f 经分频后得到频率为 f/n_1 的信号并送往鉴相器，与来自晶振输出的频率为 f_0/n_2 的信号进行相位比较，当相位锁定时 $f/n_1=f_0/n_2$，输出信号 f 与晶振信号 f_0 具有同样的稳定度。间接式频率合成器中不需要滤波器和混频器，电路简单，价格便宜，但频率转换速度较慢。

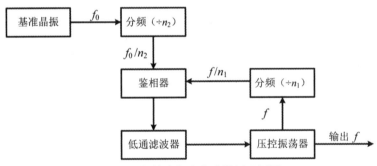

图2-6　间接式频率合成器原理框图

2.2.3　信号发生器的技术指标

正弦信号容易产生、容易描述，是应用最广泛的载波信号。任何线性双端口网络的特性都可以用该网络对正弦信号的响应来表征。根据上述正弦信号的特点，能够产生正弦信号的射频信号发生器几乎渗透到了所有的无线电实验及测量中，成了应用最广泛的一类信号发生器。信号发生器作为测试系统的源，其性能的优劣将直接影响被测器件和被测设备的测试质量。通常使用三大指标（频率特性、功率特性、调制特性）来评价射频信号发生器的性能，下文将介绍信号发生器最基本、最常用的几项性能指标。

1. 频率范围

频率范围指信号发生器所产生的信号频率范围，该范围既可连续又可由若干频段或一系列离散频率覆盖。在此范围内，射频信号发生器的各项指标应满足全部误差要求。

2. 频率准确度

频率准确度是指信号发生器数字显示数值与实际输出信号频率间的偏差，通常用相对误差表示

$$\Delta = \frac{f_0 - f_1}{f_1} \times 100\%$$

式中Δ为频率准确度，f_0为标称频率（数字显示数值，也称预调值），f_1为输出正弦信号频率的实际值。频率准确度实际上是输出信号频率的工作误差。通常使用高稳定度晶体振荡器的信号发生器准确度可达$10^{-6} \sim 10^{-8}$。

3. 频率稳定度

频率稳定度是与频率准确度相关的指标。频率稳定度是指其他外界条件恒定不变的情况下，在规定时间内，信号发生器输出频率相对于预调值变化的大小。按照国家标准，频率稳定度又分为频率短期稳定度和频率长期稳定度，短期稳定度在频域上表征为相位噪声，而长期漂移会影响频率准确度。

通常，用于精密测试的高精度高稳定度信号发生器的频率稳定度应高于$10^{-6} \sim 10^{-7}$，而且要求频率稳定度一般应比频率准确度高$1 \sim 2$个数量级。

4. 输出阻抗

信号发生器的输出阻抗指从信号发生器的输出端向内看所呈现的阻抗。信号发生器一般有50Ω、75Ω两个档位。当使用信号发生器时，要特别注意阻抗匹配，因为信号发生器的输出功率显示值是在负载匹配的条件下标定的。

5. 输出功率范围

输出功率范围指的是信号发生器输出的功率从最小到最大的范围，在此范围内信号发生器应满足技术指标要求。输出功率可用W或分贝 dBm 表示。

6. 调制特性

信号发生器在输出正弦波的同时，一般还能输出一种或一种以上的已被调制的信号，通常包括调幅、调频、调相和脉冲调制信号，有些还带有数字矢量调制的功能。当调制信号由信号发生器内部产生时，称为内调制，当调制信号由外部加到信号发生器进行调制时，称为外调制。带有输出脉冲调制信号功能的信号发生器，是电子对抗装备测试中不可或缺的仪器设备。

2.2.4 信号发生器的应用实例

本小节以频率范围覆盖9kHz～20GHz的某典型射频信号发生器为例，介绍了信号发生器的基本应用实例。

2.2.4.1　仪器简介

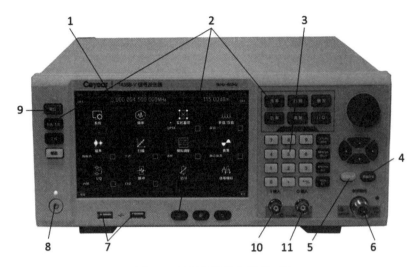

图2-7　射频信号发生器前面板

图2-7展示了某典型射频信号发生器的前面板，其具体组成如表2-2所示。

表2-2　射频信号发生器前面板组成

编号	说明	编号	说明	编号	说明
1	显示区	5	调制开关	9	复位按键
2	功能区	6	射频输出	10	I输入
3	输入区	7	USB接口	11	Q输入
4	射频开关	8	电源开关		

主要组成部分的功能如下。

1. 显示区

LED显示器，用于显示所有测量结果、状态和设置信息，并允许不同测量任务间的切换。该射频信号发生器的显示界面如图2-8所示，主要包含主信息区、功能区、状态指示区三个部分。主信息区主要显示频率、功率、调制开关和射频开关状态；功能区在按下前面板功能键时，显示对应的菜单；状态指示区用于显示仪器工作模式、状态等。

2. 功能区

由前面板功能硬按键组成，选择其中的按键可执行仪器的频率、功率、扫描、调制、基带模式、I/Q、任意波、校准、显示、触发、确认、退出、菜单、系统、存储调用、文件、打印、复位及本地等功能。

3. 输入区

输入区包括方向键、旋钮、单位键、←/—（退格/负号键）、数字键。所有的输入都可由输入区的按键和旋钮改变。

4. 射频输出

N 型同轴连接器，阴型。信号发生器的输出由此输出，输出阻抗 50Ω，反向功率 0.5W。

图2-8　显示界面

2.2.4.2　输出连续波信号（CW）

输出连续波信号是信号发生器的一项重要功能。通过前面板按键可以很方便地操作。设置 500 MHz，功率电平 0 dBm 的射频信号的操作步骤如下：

1. 开机复位

按【复位】键，设置信号发生器为出厂指定状态，并等待仪器预热 30 分钟。

2. 编辑频率

按【频率】按钮，弹出频率配置窗口，旋转前面板旋钮，选定频率输入框，按下旋钮，频率输入框处于编辑状态。当前编辑框显示的频率值为系统默认值的频率值。此时键入 500 MHz，结束输入，主信息显示区显示频率会同步刷新，如图2-9所示。

图2-9　频率编辑

3. 编辑功率

按【功率】按钮，弹出功率配置窗口，旋转前面板旋钮，选定功率输入框，按下旋钮，功率输入框处于编辑状态。当前显示功率值为系统默认值的功率值。输入框键入 0 dBm，结束输入。主信息显示区显示功率会同步刷新，如图2-10所示。

图2-10 功率编辑

4. 射频输出

按【射频 开/关】按钮，切换到射频开，输出射频信号。此时前面板操作界面的射频开关状态区显示"射频 ON"。

此时即可输出 500 MHz，功率电平 0 dBm 的射频信号。

2.2.4.3 输出调制信号

信号发生器一般具备调幅、调频、调相及脉冲调制这四种调制功能。产生调制信号的操作步骤较为相似，以脉冲调制信号为例对调制信号的发生进行讲解。

设置载波频率 2000 MHz，功率 0 dBm，脉宽 0.01ms，周期 1ms 的脉冲调制信号步骤如下：

1. 开机复位

按【复位】键，设置信号发生器为出厂指定状态，并等待仪器预热一段时间。

2. 设置信号发生器RF输出信号

设置连续波 2000 MHz，功率电平 0 dBm。

3. 激活脉冲调制配置窗口

点击屏幕中的[脉冲]功能区，操作界面弹出脉冲调制配置窗口。

4. 设置脉冲源

旋转旋钮，选择脉冲源组合框中的[自动]选项，按下旋钮，选定[自动]选项。

5. 设置脉宽

旋转旋钮，选定脉宽输入框，按下旋钮，使脉宽输入框处于编辑状态。输入 0.01ms，结束输入。

6. 设置周期

旋转旋钮，选定周期输入框，按下旋钮，使周期输入框处于编辑状态。输入 1ms，结束输入。

7. 打开脉冲调制

如图 2-11 所示，旋转旋钮，选定脉冲调制开关选项，按下旋钮，打开脉冲调制开关。脉冲配置窗口其他选项值默认。此时，主信息显示区调制指示区，显示"PULSE"指示，同时文本信息区以列表的方式显示脉冲调制的分量信息。

图 2-11　设置脉冲调制信号

8. 调制输出

按【调制开关】键，切换到调制开。此时，前面板操作界面的调制开关状态区显示"调制 ON"。

9. 射频输出

按【射频开关】键，切换到射频开，输出射频信号。此时，前面板操作界面的射频开关状态区显示"射频 ON"。

此时即可输出载波频率 2000 MHz，功率 0 dBm，脉宽 0.01ms，周期 1ms 的脉冲调制信号。

2.2.4.4　存储/调用

大多数现代信号发生器都提供存储和调用仪器测量状态（数据）功能，方便用户还原需要的测量状态、再次观测评估以及存储需要的测量数据，以便进一步分析。

1. 打开 存储/调用 配置窗口

按【保存】键，用户界面弹出存储/调用配置窗口，如图 2-12 所示。

图 2-12　存储/调用配置窗口

2. 设置存储/调用文件号：

旋转旋钮，选定"选择存储/调用文件号"输入框，按下旋钮，使输入框处于编辑状态。输入 0～99 范围内的数字，按前面板【Enter】键结束输入。存储后，需要等待几秒钟，完成存储过程；调用后，需要等待十几秒钟，以便信号发生器按照选择的仪器状态重新完成软硬件设置。

2.2.5 信号发生器的选用

选用信号发生器时应先根据需要产生的信号选择对应的信号发生器，例如，需要高频正弦信号或调制信号时，选用射频信号源；需要脉冲信号时则可以选用脉冲信号源或函数发生器等；需要线性调频信号时则需要选用矢量信号源。确定了信号发生器类型后需要关注的就是信号发生器的频率范围、输出功率范围和频率准确度。

2.3 示波器

示波器是电子示波器的简称，它是一种用途十分广泛的电子测量仪器。示波器能把肉眼无法直接观察的电信号变换成能看到的波形图像并显示在显示屏上，便于人们对各种电信号进行时域分析。

2.3.1 示波器的基本概述

2.3.1.1 示波器的功用

示波器具有测量灵敏度高、工作频带宽、显示速度快等特点，作为一种全息仪器，可以让操作人员观测到信号波形的全貌，既能测量信号幅度、周期、频率等基本信息，也能测量脉冲信号的脉宽、占空比、过冲、上升时间等参数，多踪示波器还可以比较多个信号之间的时间、相位关系。

随着科学技术的发展，示波器的功能已经由最初的定性观测发展到精确测量。对于其他非电物理量，可以通过对应的方法先将其转换成电信号再使用示波器进行观测。作为一种广泛应用的测试仪器，示波器已经被普遍地应用于科研、国防、教育等多个领域。

2.3.1.2 示波器的分类

示波器的分类方式有很多，常用的是按照示波器对被测信号的处理方式将示波器分为模拟示波器和数字示波器两类。

模拟示波器是数字示波器的基础，但随着科学技术的发展，数字示波器的性能指标不断提高，成本大大降低，目前除了部分特殊行业以外，已经很少使用模拟示波器，但模拟示波器的工作原理对于理解示波器的工作原理仍具有启发作用，因此本章后文部分介绍的内容主要为数字示波器，简单介绍模拟示波器的部分内容。

2.3.2 示波器的基本工作原理

2.3.2.1 示波管及其工作原理

示波管是模拟示波器的核心部件，在部分数字示波器中也有应用。示波管又称阴极射线管（CRT），是一种电真空器件，主要由电子枪、偏转系统、荧光屏三部分组成。示波管的主要功能是将电信号转换成光信号并在荧光屏上显示。其工作原理是由电子枪产生的高速电子束轰击荧光屏上相应的部分产生荧光，偏转系统能使电子束产生偏转，从而改变荧光屏上光点的位置。

2.3.2.2 数字示波器的组成原理

1. 模拟+数字存储示波器

图2-13给出了模拟+数字存储示波器的原理框图，早期的数字示波器多是采用该种组成结构制成的。它是以传统模拟示波器的结构为基础，加入了开关切换的功能，可以在模拟和数字两种工作方式之间切换。当工作在数字模式时，被测信号经输入放大器处理后进入A/D转换器转换为数字信号并存储在RAM单元中，再经过D/A转换器重新还原成模拟信号，经Y输出放大器传输至示波管的Y偏转板上，最后实现在荧光屏上的显示。由于这类模拟+数字存储示波器以传统的模拟示波器结构为基础，受限于示波管带宽等因素，其采样率、实时带宽等性能指标难以提高。随着技术的发展，现在大部分的示波器已经形成了以微处理器为核心的现代示波器架构。

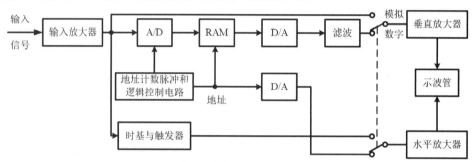

图2-13　模拟+数字存储示波器原理框图

2. 现代数字示波器

现代数字示波器在向功能模块化方向发展，通常一台数字示波器可由捕获、观察、测量与分析、归档四大功能模块组成。这四个大功能模块组成的原理框图如图2-14所示。捕获模块主要由放大器、A/D转换器、存储器和触发器电路四部分组成。被测信号通过探头进入放大器，放大器的输出归一化至A/D转换器可以接收的电压范围，采样和保持电路按照固定采样率将信号分割成一个个独立的采样电平，随后A/D转换器将这些电平转换成数字的采样点，这些数字采样点保存在采集存储器中，并送至观察显示模块和测量与分析模块进行显示和处理。

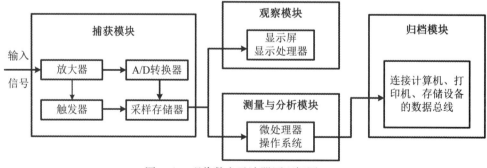

图2-14　现代数字示波器原理框图

2.3.2.3 数字示波器中的信号采集与处理

1. 采样方式

采样也称取样，指把时间域或空间域的连续量转化成离散量的过程。数字示波器的采样方式分为实时采样和等效采样，等效采样又可分为随机采样和顺序采样，如图2-15所示。目前大部分的数字示波器都同时具备实时采样和等效采样两种方式。

（1）实时采样

实时采样是指，当采样频率远大于信号最高频率成分范围时，示波器一次扫描可以呈现非常详细的波形，有足够多的点，对每个采集周期的采样点按时间顺序进行排列就能表达一个波形。如图2-15（a）所示。

示波器带宽的定义为，当示波器输入频率递增的等幅度的正弦信号，屏幕上显示幅度相对于标准频率下降3 dB时的频率范围。采用实时采样方式时，示波器测量单次信号和重复信号时具有相同的带宽，为了提高带宽，必须提高采样率。为了避免混叠现象，目前采用内插显示算法的实时采样数字示波器的采样率一般为带宽的5倍，若不采用内插显示算法，则采样率一般为带宽的10倍。实时采样要求的采样率非常高，而这样高速的A/D转换器和采样存储器的成本都较高。鉴于实际上大多数测量的信号都是重复信号，为了降低成本，以较低的采样率获得较高的带宽，可以采用随机采样或顺序采样技术。

（2）随机采样

如图2-15（b）所示，在随机采样中，每个采样周期采集一定数量的点，因为每个采样周期的触发点与下一个采样点之间的时间间隔是随机的，并且被测信号是周期信号，可将不同采样周期获得的样本点等效为对"同一波形"的采样，所以将多个采样周期采集的样本点以触发点为基准进行拼合即可恢复出被测信号的波形。测量重复信号时，随机采样可以以较低的采样率获得极高的带宽，具有非常高的性价比。使用随机采样进行重复信号的测量时，示波器的带宽主要取决于模拟通道和采样器的带宽。

（3）顺序采样

如图2-15（c）所示，顺序采样在每个周期只取一个采样点，每次延迟一个固定的时间 Δt ，与随机采样类似，顺序采样也是通过拼合多个采样周期的样本点进行被测信号的还原。顺序采样的优点是能以极低的采样率获得极高的带宽，但由于这种方式每个周期只采集一个样本点，所以要采集足够多的样点，需要较长的时间，并且顺序采样无法实现单次捕获。顺序采样主要用于采样示波器。

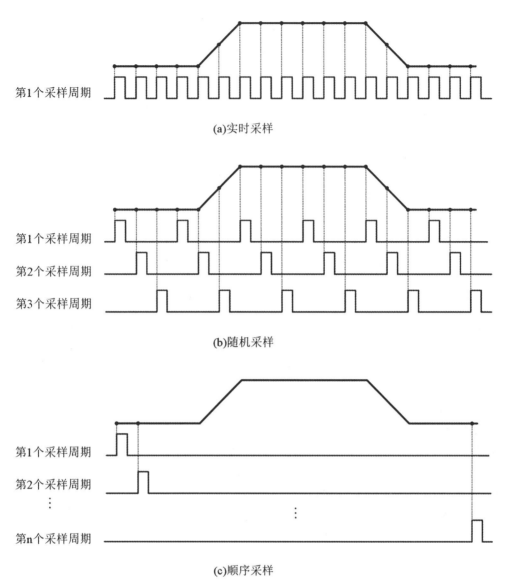

(a)实时采样

(b)随机采样

(c)顺序采样

图2-15 数字示波器的采样方式

2. A/D转换器

A/D转换器是数字示波器中的主要采集器件。数字示波器要求 A/D 转换器具有较高的转换速率，因此一般选用的是并联比较式 A/D 转换器。图2-16给出了并联比较式 A/D 转换器的原理图。输入电压U_i同时加到三个比较器的同向输入端，分别与经过电阻分压获得的 $0.25U_{ref}$、$0.5U_{ref}$、$0.75U_{ref}$ 进行比较，比较结果经过编码器转换成二进制或 BCD 码后输出，各级之间的转换关系在表2-3中给出。可见输出编码D_1D_2可以反映输入电压的大小，实现由模拟信号转换成数字信号的功能。

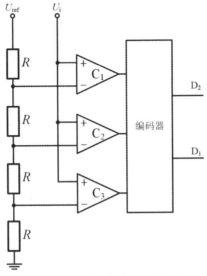

图 2-16　并联比较式 A/D 转换器

表 2-3　输入电压与输出关系

输入电压	$C_3C_2C_1$	D_1D_2
$U_i < 0.25U_{ref}$	0 0 0	0 0
$0.25U_{ref} < U_i < 0.5U_{ref}$	0 0 1	0 1
$0.5U_{ref} < U_i < 0.75U_{ref}$	0 1 1	1 0
$0.75U_{ref} < U_i$	1 1 1	1 1

3. 采样存储器

在数字示波器中，采样获取的新数据需要立即存入采样存储器中，因此采样存储器接收数据的速度必须与采样率同步，通常用多个低速存储器进行复用，分时进行轮流写入，以此来达到较高的接收速率。采样存储器具有循环存储的功能，存储器的各个存储单元按照串行方式依次寻址，并且存储器首尾相接，形成一个环形结构，每次采样的数据依次进行存储，当所有存储单元都存满后，新的采样数据将按照先进先出的规则对旧的数据进行覆盖。存储器的容量 n_m 称为存储深度，用能连续存储的最大字节数或采样点的数目来表示，存储深度是数字示波器一个重要的指标。

4. 触发功能

触发的概念源于模拟示波器，在模拟示波器中，只有当检测到触发信号后，示波器才产生扫描锯齿波，显示 Y 通道的模拟信号，因此在模拟示波器中只能显示触发点后的波形。数字示波器中也沿用了触发的叫法，只是在数字示波器中，触发只是从采样存储器中选取信号的一种标志，用于选取采样存储器中某一部分的波形数据进行显示。得益于采样存储器的环形结构，数字示波器具备显示触发点之前的波形信号的能力。

触发的作用通俗地讲就是"控制示波器显示什么",保证每次采集的时候,都从输入信号上与定义的相同的触发条件开始。无触发的采集显示效果如图2-17所示,由于每一屏波形的起始点不同,叠加在屏幕上显示的波形是混乱、难以观测的。

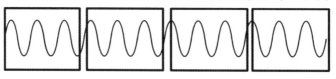

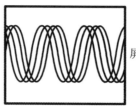

屏幕显示效果

图2-17　无触发时的波形采集

采用触发的采集显示效果如图2-18所示,每一屏采集的信号波形相同,叠加在屏幕上显示出稳定的信号波形。

数字示波器的触发控制主要包含以下几点:

(1) 触发源选择:内触发、外触发、交流电源触发等;

(2) 触发耦合方式选择:直流耦合、交流耦合、低频抑制、高频抑制等;

(3) 触发模式选择:自动、正常、单次等;

(4) 触发类型选择:数字示波器提供了非常丰富的触发类型,表2-4给出了几种常用的触发类型及其用途。

针对不同的实际情况,测试人员应当灵活地进行触发控制的选择,合理的触发控制可以大大提高波形观测的效率。

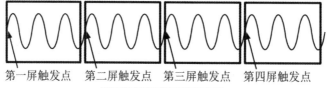

第一屏触发点　　第二屏触发点　　第三屏触发点　　第四屏触发点

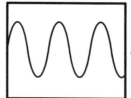

屏幕显示效果

图2-18　触发的作用

表2-4 数字示波器的触发类型

触发类型	含义	主要用途
边沿触发	在信号边沿按设定的方向(上升或下降)和电平触发	保证被测周期信号具有稳定重复的起点
脉宽触发	按照设定脉冲的宽度来确定触发时刻	捕获异常脉宽信号
延迟触发	在信号边沿触发点处施加正或负延迟调节	调节触发点在屏幕上的位置
交替触发	对两路信号使用不同的时基、触发方式,以此来实现稳定显示两路信号	当两路信号中有一路为不稳定信号时使用
码型触发	以数字码型信号来作为触发判决条件	查看并行逻辑码型

2.3.2.4 数字示波器中的波形显示

在模拟示波器中,波形的显示是通过示波管和荧光屏实现的,数字示波器中多使用LCD显示屏。数字示波器在高速采集一个信号波形后,采集的数据要经过复杂的数据处理才能在显示屏上不失真地重构出来,一般是通过ARM芯片或FPGA来对信号进行内插和抽取,以实现采样率、存储深度、显示屏像素点之间匹配关系的处理。例如,按照一给定的采样率进行信号采集,当采集低频信号时,一个信号周期内产生的采样点可能会过多,增加了存储器的存储压力,此时可以进行抽取,去除冗余的采样点。而当以同一采样率进行高频信号采集时,很可能一个信号周期内采样点过少,信号会产生失真,此时可以对数据进行内插,减小显示波形的失真。常用的内插技术有矢量内插、正弦内插等。

2.3.3 示波器的技术指标

数字示波器有非常多的技术指标,作为使用者,最关心的主要技术指标有带宽、采样率、存储深度、分辨率和触发能力五项。

2.3.3.1 带宽

若数字示波器输入频率递增的等幅度正弦信号,当屏幕上对应显示的幅度随频率变化而下降3 dB时,其下限到上限的频率范围即频带宽度,单位一般是MHz或GHz。这实际上是模拟通道中放大器等器件的带宽,也称为模拟带宽。带宽决定了示波器对信号的基本测量能力,信号从频域看是由各种频率的分量组成,若带宽达不到测量要求则会造成信号高频分量的丢失,测量信号会产生失真、高频分量无法分辨等问题。由于宽带放大器的制作较为容易而高速A/D转换器的制作较为困难,因此在数字示波器中更关注数字实时带宽。

在数字示波器中有两种与采样速率相关的带宽。

1. 等效带宽

是指用数字示波器测量周期信号(重复信号)时的3 dB带宽,也称重复带宽。当使用非实时等效采样(随机采样或顺序采样)来进行波形重构时,等效带宽可以做得很宽,有的达几十吉赫兹。

2. 单次带宽

也称有效存储带宽。是用数字示波器进行单次信号测量时，能完整地显示被测波形的 3 dB 带宽。实际上一般数字示波器的模拟通道硬件的带宽是足够的，主要受到波形上采样点数量的限制。因此，单次带宽一般只与采样速率和波形重组的方法有关，对应关系如式所示：

$$USB = \frac{f_{max}}{k}$$

式中，f_{max} 为最高采样率；k 为每个周期的采样点数，也称波形重建技术因子，其大小由厂家采用的数据内插技术决定。

当数字示波器的采样速度足够高时，其单次带宽和等效带宽是一样的，称为数字实时带宽。

2.3.3.2 采样率

采样率一般指数字示波器进行A/D转换的最高速率，是单位时间内对输入模拟信号的采样次数，也称数字化速率，单位为MSa/s或GSa/s。采样率越高，采样间隔越密集，波形失真越小。奈奎斯特采样定理表明，如果以不低于信号最高频率两倍的采样速率对信号进行采样，那么所得到的离散采样值就能准确地还原出原信号。

在数字示波器的使用中，实际采样率与选用的时基档位有关，最高采样率对应最快的时基。为了防止采样点过多而溢出采集存储器，采样率会随时基的变化而变化。当每格采样点数 N 确定后，采样率 f_s 与时基 S_s 成反比，其关系如式所示：

$$f_s = \frac{N\,(\text{pts/cm})}{S_s\,(\text{s/cm})}$$

带宽反映了信号频率的通过能力，带宽越大，越能准确有效地放大与显示信号中的各种频率成分（特别是高频成分），信号的显示就较为准确，如果带宽不够，那就会损失很多高频成分，信号自然就显示不准确，出现较大误差。而采样率是将模拟量转换为数字量时对信号转换的频率（即每秒采集次数），这个频率越高，单位时间内对信号的采集就越多，信号中的信息就保留越多，显示的信号图像就越清晰。

2.3.3.3 存储深度

存储深度也称记录长度，是指数字示波器的采样存储器能连续存入采样点的最大字节数，单位为kpts或Mpts。当存储深度增加后，示波器可以存储更多的采样点，捕捉到更多的波形细节。当测量周期性重复信号时，采样率和存储深度带来的影响较小，但是当面对单次捕获信号或同时观测高速信号和低速信号这类需要大量存储数据的应用场景时，存储深度就显得十分重要了。

2.3.3.4 分辨率

在数字示波器中，屏幕上显示的点不是连续的，分辨率指的是示波器能分辨的最小电压增量，包括垂直分辨率（电压分辨率）和水平分辨率（时间分辨率）。垂直分辨率主要取决于A/D转换器采样后量化编码的位数。例如，若A/D转换器是8位，分辨率为$1/2^8$（0.391%），示波器的量程为1V，则电压分辨率为3.91mV。水平分辨率由采样率和存储器的容量决定，常以显示屏每格中包含多少个采样点来表示。

2.3.3.5 触发能力

表征数字示波器触发能力的参数主要有触发灵敏度和触发类型。触发灵敏度是指数字示波器能够触发同步并且稳定显示的最小信号幅度。由于触发通道频率特性的限制，在不同频段常常规定不同的触发灵敏度指标。触发类型是另一个衡量数字示波器触发能力的重要参数，数字示波器大都会提供多种触发方式，包括边沿触发、脉宽触发、延迟触发、交替触发等，关于不同触发类型的原理和主要用途在2.3.2.3一节中有详细的介绍。

2.3.4 示波器的应用实例

本小节以某典型数字荧光示波器为例，介绍示波器的基本应用实例。

2.3.4.1 仪器简介

如图2-19所示，某典型数字荧光示波器的前面板由电源按键、前置USB口、逻辑分析仪扩展接口、波形发生扩展接口、1kHz校准信号、屏幕显示区、通用旋钮设置区、功能设置区、运行系统设置区、水平系统设置区、触发系统设置区、垂直系统设置区、输入通道区等部分组成。

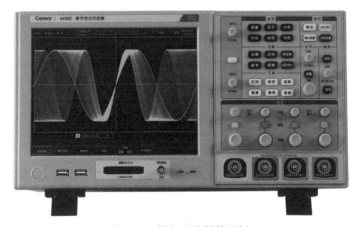

图2-19 数字示波器前面板

该示波器的主要组成部分及其功能如下。

1. 屏幕显示区

如图2-20所示，屏幕显示区是示波器与操作用户交互的窗口，波形及测量结果等信息均通过屏幕显示区提供给操作用户。示波器的屏幕显示区主要由水平状态显示区、运行状态显示区、波形显示区、测量显示区、垂直状态显示区、触发状态显示区、系统时间显示区、一级菜单、二级菜单及三级菜单等几部分组成。

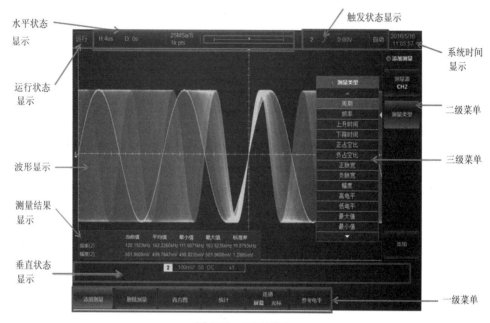

图2-20　显示界面

2. 功能设置区

图2-21　功能设置区

如图2-21所示，功能设置区由波形操作区、仪器功能区、工具区三个区域组成。其中常用的按键及功能如下。

【测量】：用于示波器测量系统的设置，包括测量参数的添加、测量参数的删除、直方图测量、统计功能等。

【显示】：用于示波器显示系统的设置。

【光标】：用于示波器的光标测量功能，可实现4个通道和运算波形的电压和时间以及FFT波形的幅值和频率的光标测量。

【打印】：用于屏幕的图像打印。

【保存】：用于示波器的波形存储的功能设置。

【调用】：用于示波器的存储设置的调用与波形回放的功能设置。

【系统】：用于示波器的系统菜单的设置，包括校准、配置、网络设置等。

3. 运行系统设置区

功能设置区由运行/停止、单次、默认设置、自动设置四个按键组成。

【运行/停止】：用于示波器的连续采集功能，有运行和停止两种状态。运行状态下，实现信号的连续采集，动态显示每次捕获的一屏数据；停止状态下，静态显示最后一次捕获的一屏数据，可方便查看和分析波形。

【单次】：用于示波器的单次采集功能，在相应的触发通道正常触发时，按一次，可捕获已设置的存储深度的采集数据。

【自动设置】：用于示波器的波形自动设置功能，自动设置好垂直系统、水平系统及触发系统，得到较为合适的波形显示。

【默认设置】：用于示波器的初始状态的设置功能，当机器出现某种不正常的状态时，按默认设置按键可以复位系统设置。

4. 垂直控制区

垂直系统的主要作用是将大信号变小，小信号变大，从而满足ADC的输入范围的要求。如图2-22所示，垂直系统设置区由通道菜单按键、垂直位置旋钮、垂直范围旋钮三个部分组成，4个通道的设置操作方法相同。

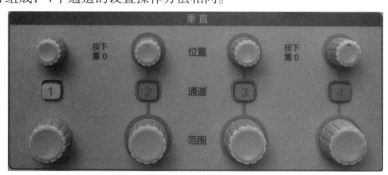

图2-22　垂直控制区

【1】【2】【3】【4】：用于示波器通道1、2、3、4的垂直系统的设置，包括通道开关、输入阻抗、带宽限制、通道延时、探头设置等，按下任一通道键CH1～CH4，屏幕底部弹出对应通道的操作菜单，如图2-23所示。

| 通道1 | | 耦合 | | 阻抗 | | 带宽限制 | | | | |
| 开　关 | | 直流　交流 | | 50Ω　1MΩ | | 全带宽 | 探头设置 | 标签 | 反相&细调 | 通道延时 |

图2-23　通道菜单

【垂直位置旋钮】：用于示波器 CH1～CH4 的垂直偏移的设置，旋转一下，CH1～CH4 的垂直偏置往上或往下移动，按下时，垂直位置设置成 0。

【垂直范围旋钮】：用于示波器 CH1～CH4 的垂直范围的设置，旋转一下，CH1～CH4 的垂直灵敏度按照步进增大或减小一个档位。

5. 水平控制区

水平控制区如图 2-24 所示，由水平位置旋钮、时基范围旋钮、采集按键三个部分组成。

图 2-24　水平控制区

【水平位置旋钮】：用于示波器水平延时的设置，可调整所有通道波形的水平位置，旋转一下，通道的触发点向左或右移动一个像素点，按下时，水平延时置 0。

【时基范围旋钮】：用于示波器水平时基的设置，旋转一下，示波器的时基按照步进增大或减小一个档位。

【采集】：用于示波器采集模式和存储深度的设置。

6. 触发控制区

触发控制区如图 2-25 所示，触发系统设置区由触发菜单按键、触发电平旋钮、强制触发按键三个部分组成。

图 2-25　触发控制区

【触发】：用于示波器触发系统的设置，包括触发类型、触发源、触发极性、触发模式、触发灵敏度及触发释抑等功能。

【触发电平旋钮】：用于示波器触发电平的设置，旋转旋钮，可调节触发通道的触发电平上移或下移，按下时，触发电平置 50%。

【强制】：一种软件的触发方式，当通道的信号未正常触发时，按下强制键，波形触发一次。

2.3.4.2　观测未知信号

观测电路中的一个未知信号并进行相关参数的测量的步骤如下。

1. 输入耦合设置

按下【1】按键，打开通道 1，根据待测信号的特点，点按操作菜单的[耦合]按钮，选择通道 1 的耦合方式（直流、交流）。当耦合方式为"直流"时，被测信号含有的直流分量和交流分量都可以通过。当耦合方式为"交流"时，只有被测信号中的交流分量可以通过。

2. 输入阻抗设置

示波器一般提供 $1M\Omega$ 和 50Ω 两个输入阻抗档位，当不清楚待测信号功率时应先选择 $1M\Omega$ 档，防止信号功率过大损坏仪器。通常 $1M\Omega$ 档位的电压测量范围大于 50Ω 档位的电压测量范围。点按操作菜单的[阻抗]按钮可以进行输入阻抗的切换。

3. 输入信号

当使用示波器的探头进行测试时，需将探头上的夹子与待测电路的"地"连接，再将探针连接到待测器件或线路上，如图 2-26 所示。此时完成示波器的信号输入，显示屏上显示出待测信号，根据实际信号再进行设置的微调。需要注意的是示波器的探头可以进行衰减比的设置，在使用时应根据具体使用场景进行设置。

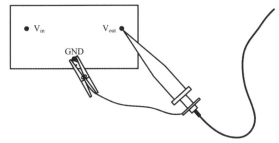

图2-26 示波器探头的连接方式

4. 触发设置

按下前面板【触发】按键，打开触发菜单，如图2-27所示。点按操作菜单的[触发类型]按钮，在屏幕右侧弹出触发类型菜单，根据待测信号选择合适的触发类型。点按操作菜单的[触发源]按钮，选择CH1～CH4、外通道或市电作为触发源。

图2-27 触发操作菜单

5. 时基设置

根据待测信号的大致频率范围，操作水平系统的范围旋钮，设置对应的时基档位，一般调整至屏幕可以显示4～5个周期的信号波形。顺时针转动时减小档位，逆时针转动时增大档位。调节时基时，顶部状态栏中会显示时基信息的实时变化。

6. Y轴灵敏度设置

根据待测信号的大致幅度范围，操作所选通道的范围旋钮，设置对应的档位，一般调节垂直档位至信号占满屏幕的80%。顺时针转动时减小档位，逆时针转动时增大档位。

7. 添加测量

按下前面板的【测量】按键，弹出测量操作菜单，如图2-28所示。点击[添加测量]，屏幕右侧弹出添加测量菜单，选择对应的测量源与要添加的周期、峰值等测量参数。

添加测量	删除测量	直方图	统计	选通&指示器 屏幕 关	参考电平	硬件测量辅助 开 关

图2-28 测量操作菜单

2.3.4.3 自动设置

该功能可以通过软件自动调整数字示波器的设置进行波形扫描，一般在示波器上的按键为【自动设置】键。当要观测一个未知的周期信号时，将探头连接至电路被测点，按下【自动设置】键，软件就会对输入的波形信号进行计算，使仪器自动设置合适的触发电平、触发通道、扫描速度、偏转灵敏度等，获得比较理想的波形显示效果。合理的利用【自动设置】键可以大大提高波形观测的效率。但是要注意的是，该功能并不是万能的，在某些特殊情况下，如被测信号十分微弱时，自动扫描很可能会在设置参数时出错，导致波形显示异常，此时则需要人工进行参数的调节来观测信号。

2.3.4.4 存储/调用

该功能可以存储和调出已存的数字示波器面板设置参数。当需要多次重复使用某几套设置参数时，可以预先设置好几套面板参数并存储起来。按下【保存】按键，打开保存菜单，点按[存储设置]按键，如图2-29所示。通过旋转旋钮设置存储序号1～8，点按[存储]按钮即可进行存储，存储的信息为当前的垂直、水平和触发信息。操作前面板的【调用】按钮即可调用已经存储的设置参数。该功能解决了每次测试前都需要进行烦琐的参数设置的问题，特别适合要反复进行测试的应用场景。

图2-29 存储设置菜单

2.3.4.5 光标测量

光标测量功能是数字示波器中最常用的功能之一。数字示波器可以在显示屏上同时显示两个电压光标和两个时间光标，通过调整面板上对应的旋钮来对光标的位置进行调整，就能够对波形上的任意一个点的绝对电平、距离触发点的时间进行测量，还可以通过光标的组合读出波形上任意两点之间的电压差、时间差等参数。点击前面板的【光标】按键，打开光标菜单，如图2-30所示。

图2-30 光标菜单

当【光标】中选择"波形"时，屏幕中只显示垂直线光标，显示对应位置的时间以及该点对应的波形幅度。当选择"屏幕"时，屏幕中显示水平线和垂直线光标，水平线测量对应位置的幅度，垂直线测量对应的时间。

通过【活动光标】中选择要移动的光标，通过旋钮进行光标线的移动操作，进行幅度和时间的测量。

光标测量的结果显示如图2-31所示，其中dX为两根垂直线光标对应的时间差，dY为两根水平线光标对应的幅度差。

图2-31 光标测量结果

2.3.4.6 单次捕获

在数字示波器上一般都会有【单次】键，该按键的功能是进行单次捕获，触发显示第一个满足触发条件的波形信号并停止采集。该功能主要用于观测一些非周期信号或捕获某些特殊信号。

2.3.4.7 自动测量脉冲参数

自动测量脉冲参数可以测量信号的频率、周期、占空比、上升时间、下降时间、正脉宽、负脉宽、过冲、电压峰-峰值、电压有效值等参数。这些参数可以通过测量菜单中的"全部测量"一次性全部测出，也可以分别进行单独测量。对于测量精度，可以选择粗略测量，也可以选择精细测量，前者测量速度快，可以立即显示测量结果，后者测量精度高，但需要较高的测量时间。测量时间的长短还与设置的平均次数有关。测量界面如图2-32所示。

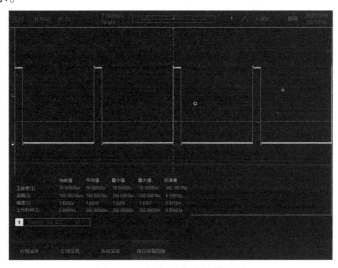

图2-32　示波器脉冲参数测量

2.3.5 示波器的选用

在选用示波器时主要考虑带宽、采样率、存储深度等三大主要指标，一般来说带宽满足需求的示波器，其采样频率、存储深度等参数都会满足需求，所以在选用数字示波器的时候要着重关注带宽参数，再根据具体情况选取其他参数满足需求的示波器。表2-5展示了不同示波器带宽对测试精度的影响，当测试正弦波信号时，只有在示波器的带宽不低于正弦波信号频率的4.93倍时，才能保证至少98%的测试精度，因此一般要求示波器带宽大于被测信号最高频率的5倍，或示波器的上升时间小于被测脉冲上升时间的5倍。同时还需要根据被测信号的数量选择合适通道数量的示波器。

表2-5 不同带宽的示波器对频率 f_0 的正弦波测试精度

示波器带宽	f_0	$2f_0$	$3f_0$	$4f_0$	$5f_0$
正弦波测试精度	70.7%	89.4%	94.9%	97%	98%

2.4　频谱分析仪

2.4.1　频谱分析仪的基本概述

2.4.1.1　信号时域与频域分析

根据傅里叶理论，任何时域中的周期信号都可以由一个或多个具有适当频率、幅度和相位的正弦波叠加而成。因此可以把时域的波形分解成若干个正弦信号分别进行测量和分析，也就是得出信号的频域特征，然后用频谱分析仪进行测量。对于一个电信号，它的信号特性既可以在时域上用一个随时间 t 变化的函数 $f(t)$ 表示，也可以在频域上用一个频率 f 或角频率 ω 的函数 $F(\omega)$ 表示，时域表达式与频域表达式之间的关系如下式所示，可以表示为一对傅里叶变换关系。

$$f(t)=\frac{1}{2\pi}\int F(\omega)e^{j\omega t}\mathrm{d}\omega$$

$$f(\omega)=\int f(\omega)e^{-j\omega t}\mathrm{d}t$$

上述关系可以在图 2-33 中形象地表示出来。从时域 t 方向上描述的电信号就是在示波器上观测到的波形，从频域 f 方向描述的电信号就是在频谱分析仪上观测到的频谱信号。频谱是频率谱密度的简称，是频率的分布曲线。复杂振荡分解为振幅不同和频率不同的谐振荡，这些谐振荡的幅值按频率排列的图形叫做频谱。

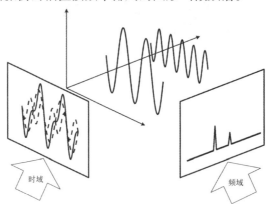

图 2-33　时域与频域观测之间的关系

示波器和频谱分析仪从不同角度观测同一个电信号，分别适用于不同的测量场合。示波器从时域上进行观测，观测的是信号幅度随时间连续变化的一条曲线，可以很容易地观测到电信号的波形、周期、幅度、相位等参数，非常适合观测数据传输抖动、脉冲等参数。频谱分析仪从频域上进行观测，显示的是不同频率点上功率幅度的分布，适合进行信号谐波分量、寄生、交调、噪声边带等参数的测量。

2.4.1.2 频谱分析仪的功用

频谱分析仪有着极宽的测量范围，观测信号频率可以高达几十吉赫兹，幅度范围超过 140 dB，有着相当广泛的应用场合，以至于被称为射频万用表，成为一种基本的测量工具。目前，频谱分析仪主要应用于以下的一些场景：

1. 观测正弦信号的频谱纯度：测量信号的幅度、频率和各寄生频率的谐波分量。

2. 观测调制信号的频谱：测量调幅波的调幅系数、调频波的频偏和调频系数以及它们的寄生调制参数等。

3. 观测非正弦信号的频谱：如测量脉冲信号、音视频信号等。

4. 观测通信系统的发射机质量：如测量载频频率、频率稳定度、寄生调制以及频率牵引等。

5. 观测激励源响应：如测量滤波器的传输特性、放大器的幅频特性、混频器与倍频器的变换损耗等。

6. 观测放大器的性能：如测量幅频特性、寄生振荡、谐波与互调失真等。

7. 观测噪声的频谱分析。

8. 观测电磁干扰：可测定辐射干扰和传导干扰、电磁干扰，也可以用来侦查敌台或敌方施放的干扰。

2.4.1.3 频谱分析仪的分类

如图 2-34 所示，频谱分析仪从工作原理上可以分为模拟式、数字式和混合式三大类。模拟式频谱分析仪主要以模拟滤波器为核心部件，模拟式频谱分析仪又可分为实时和非实时两类，实时模拟式频谱分析仪主要是采用并联滤波法制成的；非实时模拟式频谱分析仪主要是采用顺序滤波法、可调滤波法和扫频外差法制成的。数字式频谱分析仪分为两类，一类是基于数字滤波法制成的，另一类是基于快速傅里叶变换（FFT）分析法制成的。混合式频谱分析仪拥有模拟式和数字式频谱分析仪的优点，主要包括扫频式+快速傅里叶变换和实时频谱分析仪两类。

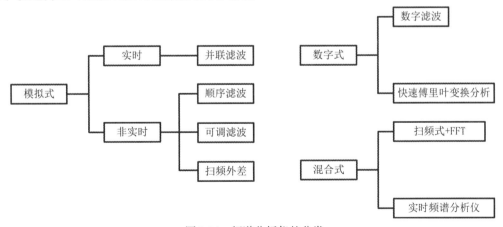

图 2-34　频谱分析仪的分类

2.4.2 频谱分析仪的基本工作原理

正弦调幅信号的频谱图如图2-35所示，频谱分析仪的作用就是将这三根频谱筛选出来。

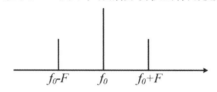

图2-35 正弦调幅信号的频谱

2.4.2.1 并联滤波法

设计一组带通滤波器，其对应的电路图如图2-36（a）所示，频谱图如图2-36（b）所示。这些滤波器的中心频率是固定的，并按照分辨率的要求依次增大，这些滤波器的输出端分别接有检波器和相应的检测指示仪器。这种方案的优点是能实时地选出各频谱分量，缺点是电路的结构复杂、成本较高。

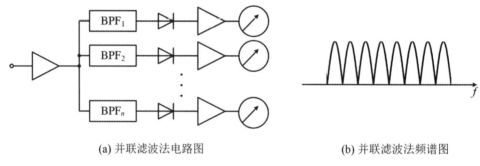

(a) 并联滤波法电路图　　　(b) 并联滤波法频谱图

图2-36 并联滤波法

2.4.2.2 可调滤波法

设计一个中心频率可调的滤波器，其对应电路图如图2-37（a）所示，频谱图如图2-37（b）所示。不难发现，可调滤波法的电路得到了大大的简化，然而可调滤波器的通频带难以做得很窄，可调范围也难以做得很宽，而且在调谐范围内难以保持恒定不变的滤波特性，因此只适用于窄带频谱分析。

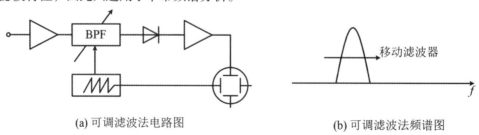

(a) 可调滤波法电路图　　　(b) 可调滤波法频谱图

图2-37 可调滤波法

2.4.2.3　扫频外差法

上述两种方法都是通过改变滤波器去寻找信号频谱，实现难度较大，扫频外差法则是采用了逆向思维，固定滤波器不变，让频谱依次移入滤波器，其对应电路图如图2-38（a）所示，频谱图如图2-38（b）所示。

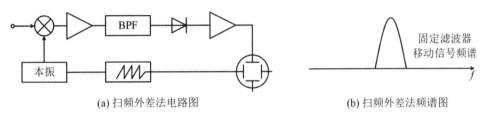

(a) 扫频外差法电路图　　　　　　　　　　　(b) 扫频外差法频谱图

图2-38　扫频外差法

2.4.2.4　数字滤波法

数字滤波法用数字滤波器代替模拟滤波器，为了实现数字化，需要在滤波器前加入采样保持电路和A/D转换器，数字滤波器的中心频率可由时基和控制电路顺序改变，其对应原理框图如图2-39所示。

所谓数字滤波器，其主要功能是对数字信号进行过滤处理。数字滤波器的输入和输出都是数字序列，可以将其看做一个序列运算加工过程。与模拟滤波器相比，数字滤波器具有滤波特性好、可靠性高、体积小、重量轻、便于大规模生产等优点；但是数字滤波器的速度较低，无法对高速信号进行较好的分析处理，纯数字式的频谱分析仪工作频率无法达到很高，在使用面上还是有一定的局限性。

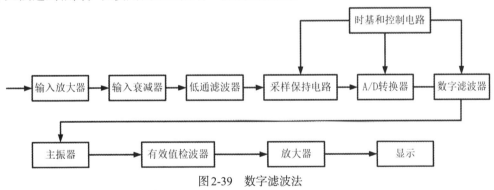

图2-39　数字滤波法

2.4.2.5　快速傅里叶变换分析法

快速傅里叶变换（FFT）分析法是一种软件计算方法。如果知道被测信号 $f(t)$ 的采样值 f_k，就可以用计算机按照快速傅里叶变换的计算方法求出 $f(t)$ 的频谱。通常用数字信号处理器（DSP）来完成快速傅里叶变换的频谱分析功能，快速傅里叶变换式频谱分析仪的原理框图如图2-40所示。图中低通滤波器、A/D转换器和存储器组成数据采集系统，将被测模拟信号转换为数字量，送入DSP进行计算。

快速傅里叶变换式频谱分析仪一般会做成多通道，这样不仅可以同时分析多个信号的频谱，而且还可以测量各个信号之间的相关函数、交叉频谱等相互关系。快速傅里叶变换分析法的分析处理速度远远高于传统的模拟式扫描频谱仪，能够进行实时分析，但受限于A/D转换器等器件的性能，FFT式频谱分析仪的工作频段较低。

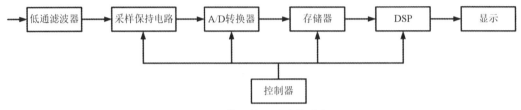

图2-40　快速傅里叶变换分析法

2.4.3　频谱分析仪的技术指标

2.4.3.1　频率分辨率

频谱仪的频率分辨率指的是频谱仪能够分辨的最小谱线间隔，反映了其选择信号频谱的能力，可以用来表示频谱仪选择性的优劣。在频谱仪中，分辨率的高低主要取决于窄带中频滤波器的带宽，通常用–3 dB点和–60 dB点描述，带宽越小，分辨率越高。

1. –3 dB带宽

–3 dB带宽也称分辨率带宽（RBW），它决定了区别两个等幅信号的最小间隔。如图2-41所示，当两个频率不同的等幅信号的距离等于分辨率带宽时，两曲线中间有一个凹陷，当凹陷比峰值低3 dB时，就能明显地分辨出两个信号，也就是说，当两个不同频率的等幅信号的间隔大于或等于分辨率带宽时才可以分辨出来。

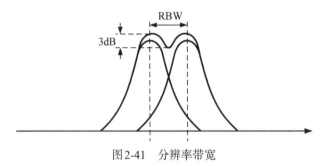

图2-41　分辨率带宽

2. –60 dB带宽

通常把两个相邻的频谱分量幅度相差60 dB时的分辨率称为裙边分辨率，它主要取决于滤波器的–60 dB带宽，用BW$_{60dB}$表示，主要用于区别两个幅度不等的信号的情况。如图2-42所示，在这种情况下，幅度较小的小信号很容易淹没在幅度较大的大信号的裙边之下，两信号的幅度差距越大，小信号被淹没的可能性就越大，这样会使得实际分辨率变差。

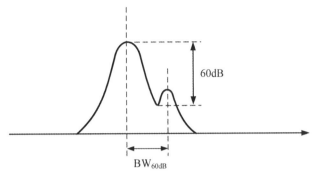

图 2-42　裙边分辨率

3. 形状因子

如图 2-43 所示，为了描述滤波器频率选择的性能，把 -60 dB 带宽和 -3 dB 带宽之比称为滤波器通频带特性的形状因子 FT

$$FT = \frac{BW_{60\,dB}}{RBW}$$

FT 也称为滤波器的选择性或矩形系数，表示滤波器分布边缘陡峭程度的形状因子越小，滤波器的响应曲线就越陡峭，其理想值应该为 1。

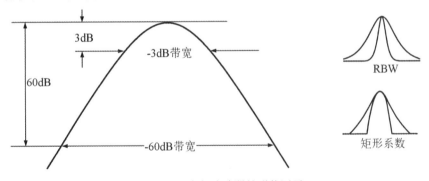

图 2-43　中频滤波器的形状因子

4. 动态频率特性

中频窄带滤波器的幅频特性曲线形状与频率变化速度有关，上述分辨率实际上是指中频滤波器的静态分辨率，是由扫频速度为零或比较缓慢的情况下得到的静态频率特性决定的。当扫频速度较快时，滤波器幅频特性曲线的 3 dB 带宽称为动态分辨率，其动态幅频特性如图 2-44 所示。其谐振峰值向扫频方向偏移，峰值下降，3 dB 带宽被展宽，特性曲线不对称，扫频速度越大，偏离就越大。产生这种现象的原因是，中频窄带滤波器是由惰性元件电感、电容组成的谐振电路，信号在其上建立和消失都需要一定的时间。当扫频速度太快时，信号来不及建立或消失，谐振曲线出现滞后和展宽，也即"失敏"或"钝化"现象。

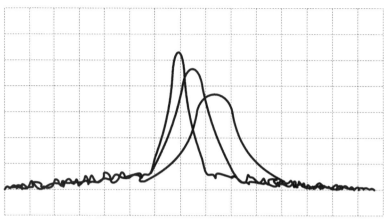

图2-44　动态幅频特性

因此，在使用频谱仪的时候，要掌握好扫频速度，否则频谱分析仪的分辨率带宽会被展得太宽，使频谱分辨率变差。扫频速度取决于扫频范围（SPAN）和扫描时间（ST）的选择，为了保持正确的读数，使动态分辨率带宽为最佳值，应遵循下式：

$$RBW^2 = K\frac{SPAN}{ST}\ (RBW < VBW)$$

式中，K为比例因子，与滤波器的类型有关。VBW是频谱仪的视频带宽，是峰值检波后视频滤波器的带宽。视频带宽越宽，视频滤波器响应或建立时间就越短，扫描时间也越短。现代频谱仪一般具有自动连锁功能，处理器核心根据当前的SPAN大小，为用户自动选取合适的RBW和VBW，再根据上述参数进行ST的选取。

5. 影响分辨率的因素

窄带滤波器的带宽是决定分辨率的关键因素，除此之外，影响分辨率的因素还有剩余调频和噪声边带。

剩余调频是指在没有任何调制输入时，本振信号的固有短期频率不稳定度和本振扫频不确定度。一般指在规定的测试带宽内，在规定时间间隔内频率抖动的峰值。剩余调频会引起本振输出频率抖动，在和信号混频后，剩余调频会模糊信号，降低实际的分辨率，影响频谱分析仪的频率读出准确度。剩余调频的影响只有当分辨率带宽接近剩余调频最大频偏时才变得明显。图2-45给出了剩余调频为1kHz时对分辨率带宽的影响，可以看出，当分辨率带宽较大时（3kHz），无法观察到剩余调频的影响；而当分辨率带宽接近剩余调频频偏时（1kHz），滤波器的响应曲线边缘变得粗糙不规则；随着分辨率带宽继续变窄（100Hz），出现了更多的尖峰，严重影响了信号的分辨。

相位噪声也称噪声边带，是指本振受到随机噪声的干扰，产生的本振信号的频率或相位随时间短暂起伏变化的现象。在频域上，相位噪声表现为载波附近的频谱分量，如图2-46所示，在载波频率附近的低电平小信号可能会被相位噪声淹没，从而影响了频谱仪的分辨率。

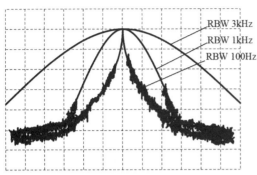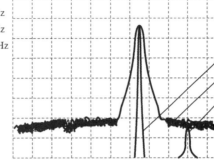

图2-45　剩余调频对分辨率带宽的影响　　　　图2-46　相位噪声对分辨率带宽的影响

2.4.3.2　灵敏度

灵敏度表征了频谱仪测量微弱信号的能力，频谱仪的灵敏度主要由内部噪声电平决定。频谱仪在不加任何信号时也会显示噪声电平，称为本底噪声。本底噪声是频谱仪自身产生的噪声，主要来源于中频放大器第一级前的器件和电路的热噪声。

频谱仪的灵敏度定义为在一定的分辨率带宽下，或归一化到1Hz带宽时的本底噪声，常用dBm/Hz为单位。

本底噪声在频谱图中表现为接近显示器底部的噪声基线，若被测信号小于本底噪声就测不出来了。若信号的功率电平与噪声电平相等，则两个功率将会在噪声电平上产生3 dB响应，信号将高出噪声3 dB，如图2-47所示，这一信号被认为是最小可检测的信号电平。

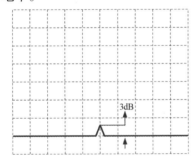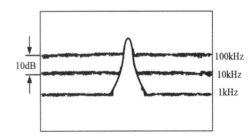

图2-47　功率电平相同的信号　　　　图2-48　分辨率带宽与噪声电平的关系
　　　与噪声叠加形成3dB波峰

综上所述，可以得到两个重要结论。

1. 要提高频谱仪的灵敏度，就要降低频谱仪内部噪声电平，即降低最小可测信号。

2. 减小分辨率带宽，可以降低内部噪声电平。如图2-48所示，分辨率带宽每减小10倍，噪声电平就下降10 dB。不难看出，减小分辨率带宽可以提高频谱仪的灵敏度。但是需要注意的是，减小分辨率带宽会导致测量时间的增加。

2.4.3.3　动态范围

动态范围表征频谱仪同时测量大小信号的能力，其定义为频谱仪能测量的最大信号和最小信号之比,一般用 dB 值表示。频谱仪的动态范围主要取决于混频器的内部失真和内部噪声电平。

1. 混频器的内部失真

混频器的内部失真决定了频谱仪动态范围的上限。混频器是一个非线性电路,如果超过了混频器的线性工作区,输入功率和输出功率将会呈非线性,产生高次谐波信号。在谐波信号中,二次、三次谐波的失真影响最严重,称为二阶、三阶失真。

图 2-49 给出了混频器输入功率值与内部失真电平的关系,可以看出,混频器的输入功率越低,动态范围越大。

2. 内部噪声电平

内部噪声电平决定了频谱仪动态范围的下限。噪声电平是分辨率带宽的函数,如图 2-50 所示,在频谱仪输入衰减量为 0 dB 时,分辨率带宽减小为原来的 1/10,则噪声电平下降 10 dB。分辨率带宽越窄,噪声电平就越低,信号输入电平最大时有最高的信噪比。

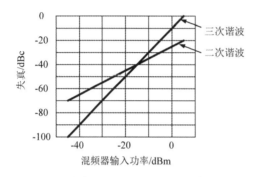

图 2-49　动态范围和混频器内部失真的关系

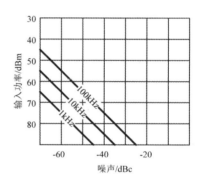

图 2-50　动态范围和噪声电平的关系

综合考量失真和噪声电平对频谱仪动态范围的影响,如图 2-51 所示。可见,在最大的输出信号电平时,内部噪声的影响最小,而在最小输出信号电平时,信号失真最小。因此,最大的动态范围点就是这些曲线的交点,交点所对应的输入电平就是混频器的最优输入电平。一般来说现代频谱仪都允许用户调整混频器的输入电平,处理器则根据用户设置的输入电平自动调节输入衰减器,使仪器达到最好的动态范围。

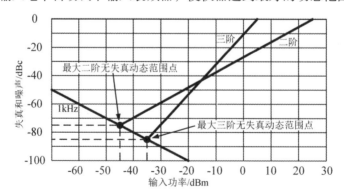

图 2-51　动态范围与噪声电平和失真的关系

2.4.4 频谱分析仪的应用实例

本小节以某典型频谱分析仪为例，介绍频谱分析仪的基本应用实例。

2.4.4.1 仪器简介

某典型频谱分析仪的面板如图2-52所示。

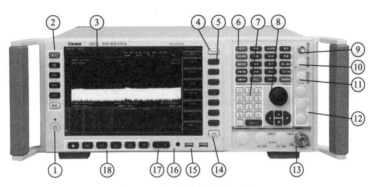

图2-52 频谱分析仪前面板

其主要组成及功能如表2-6所示。

表2-6 频谱分析仪前面板组成及功能

编号	说明	编号	说明	编号	说明
1	电源按钮	7	数字键区	13	射频输入
2	系统功能键区	8	旋钮、箭头	14	返回键
3	显示区	9	触发输入	15	USB接口
4	取消键	10	音频输入	16	耳机插孔
5	软键	11	噪声源驱动	17	音量键
6	测量设置键区	12	外混频接口	18	窗口键

1. 显示区

显示区的组成如图2-53所示。

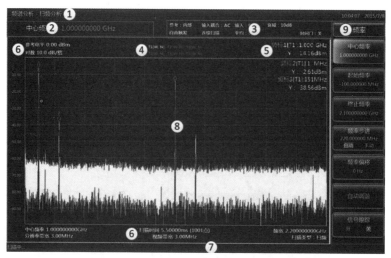

图2-53　显示界面

（1）标题栏

显示正在进行的测量模式、测量功能。

（2）参数输入区

当前激活功能的数字输入区。

（3）仪器设置信息面板

显示仪器与设置有关的信息，内容包括频率参考、耦合方式、输入端口选择、衰减器、标记计数选择、触发方式、扫描状态、平均类型、平均次数/总次数、时间门状态。

（4）轨迹信息

轨迹信息包含轨迹的编号、显示方式、检波方式，具体含义如表2-7所示。

（5）激活的标记信息

标记信息在图标的右上角提供，包含标记编号、轨迹编号、X轴数值、Y轴数值。

（6）格子线区域数据的测量设置

本区域显示的内容包括参考电平、刻度类型、刻度/格、中心频率、扫描时间、频宽、分辨率带宽、视频带宽、扫描方式。

（7）仪器和状态信息

在屏幕左下方显示测量进度、错误信息等仪器状态信息，右上角显示日期和时间信息。

（8）测试图表

显示当前测试模式下的测试图表。

（9）软键菜单

显示最近一次按键对应的软键菜单。

表 2-7 轨迹信息说明

信息内容	代表符号	代表含义	
轨迹颜色	高亮/灰色	图中轨迹的显示颜色及轨迹是否打开	
轨迹编号	T1-T6	所指示轨迹的编号	
显示方式	W	刷新	
	A	平均	
	M	最大保持	
	m	最小保持	
检波方式	N	正常检波	
	P	正峰值检波	
	S	取样检波	
	p	负峰值检波	
	A	平均值检波	视频平均
			功率平均
			电压平均

2. 测量设置键区

测量设置键区是频谱分析仪中使用率最高的区域，其中常用的按键及功能如下。

【频率】：设置当前测量的频率范围的中心频率、起始和终止频率、频率步进。该按键也用于设置频率偏移、自动调谐和信号跟踪功能。

【频宽/横轴】：设置要分析的频率跨度或返回前次频宽。

【幅度/纵轴】：设置参考电平、衰减器、刻度类型、刻度大小、单位、参考电平偏置和幅度修正。

【测量设置】：设置测量平均次数、平均类型、限定线、相噪优化、预选器、射频增益、ADC 抖动状态。

【带宽】：设置分辨率带宽、视频带宽、VBW/RBW、频宽/RBW、滤波器类型及滤波器带宽。

【扫描】：设置扫描时间、扫描点数，选择连续测量或单次测量。

【触发】：选择触发模式、触发阈值、触发延迟和触发阻断时间。

【连续】/【单次】：选择连续或单次测量。

【自动设置】：启用机械衰减器、分辨率带宽、视频带宽、VBW/RBW、频宽/RBW、扫描时间和频率步进的自动设置。

【标记】：设置和定位绝对和相对测量标记（标记和差值标记）。

【模式】：设置频谱分析仪的测量模式。

【测量】：设置当前模式下的测量功能。

【输入/输出】：设置频率参考、耦合方式、输入端口、校准端口、高中频输出开关、对数检波输出开关。

【峰值搜索】：执行活动标记的峰值搜索、差值标记、标记频率赋予中心频率、标记电平赋予参考电平。如果没有标记处于活动状态，激活正常标记1，对其执行峰值搜索。

2.4.4.2 观测连续波信号（CW）频谱

以500 MHz的正弦连续波信号为例，观测连续波信号频谱的操作如下。

1. 输入信号

将500 MHz的正弦信号接入频谱分析仪的射频输入端口，需要注意的是，若信号电平可能高于30 dBm，则需要在射频输入端口前加功率衰减器，否则超过30 dBm的信号电平可能会损坏射频衰减器或输入混频器。

2. 复位频谱仪

在测量某个未知信号时，通常可以"复位"操作，将频谱仪切换到预先设定的配置状态进行测量。按下前面板的【系统】键，在软件菜单中按下【开机复位】，根据需求选择"工厂复位"或"用户复位"，按下前面板的【复位】按键，即可完成对应的复位操作。

3. 选择输入模式

按【输入/输出】→【输入端口 射频 校准】键，选择射频输入。

4. 设置中心频率

按【频率】→【中心频率】键，通过面板的数字按键区输入500 MHz。

5. 设置频宽

为了更好地观测到目标正弦信号的频谱，需要对显示器显示的频率范围进行一定的限制。按下【频宽/横轴】键，通过面板的数字按键区输入20 MHz。

6. 设置参考电平

按【幅度/纵轴】键，通过面板的数字按键区输入–10 dBm。

7. 设置与移动标记

标记用于确定轨迹中某特定位置，比如确定某个峰值。按下前面板的【标记】键，此时标记1被激活，标记1激活时默认在轨迹1之上并自动设置为轨迹1的中心频率，同时屏幕右上角显示标记1的信息，如图2-54所示。可以通过旋钮或箭头键来进行标记的移动，标记位置通过白色菱形框表示。

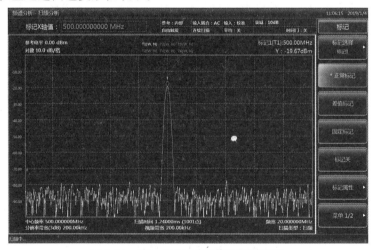

图2-54　500　MHz正弦信号频谱测量

2.4.4.3 峰值搜索功能

使用峰值搜索功能可以快速自动地确定频谱中的频率和电平，其操作步骤如下。

1. 打开峰值列表窗口

按【峰值搜索】键，打开峰值搜索菜单，依次按下【菜单 1/2】→【峰值表格】→【峰值表格 开 关】，打开峰值列表窗口。

2. 打开峰值搜索功能

按【峰值搜索】键，打开峰值搜索菜单，依次按下【菜单 1/2】→【峰值标准】→【峰值门限 开 关】，根据需求设置峰值门限，如设置为−68 dBm，此时峰值列表中将显示满足条件的峰值信息，如图2-55所示。

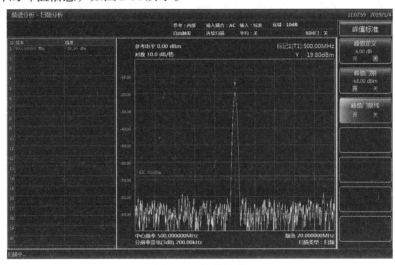

图 2-55　峰值搜索

2.4.4.4 多信号测量

本小节以10 MHz的信号作为输入信号，对其基波和谐波信号进行观测，介绍在同一屏幕中测量两个信号频率差值和幅度差值的方法。

1. 输入信号

将频谱分析仪背部面板的10 MHz参考信号输出连接到射频输入端口。

2. 仪器复位

按【模式】→【频谱分析】键。按【复位】键进行复位操作。

3. 设置起始频率和终止频率

为了观测到10 MHz信号的谐波，需要对观测的频率范围进行设置。按【频率】键，按【起始频率】软键，输入5 MHz，按【终止频率】软键，输入45 MHz。

4. 设置参考电平

按【幅度/纵轴】→【参考电平】键，输入0 dBm。

5. 搜索最大峰值

按【峰值搜索】键，此时标记应在10 MHz信号上，使用峰值菜单中的【左邻峰值】、【右邻峰值】软键可以实现标记在峰值之间的移动。

6. 激活差值标记

按【标记】→【差值标记】键，此时第一个标记变为红色，表示该标记为固定标记（参考点），标记编号为2。第二个标记的编号为1R2，表示差值标记。

7. 搜索第二峰值

按【峰值搜索】→【次峰值】键，此时1R2标记位于第二峰值，屏幕右上角显示两峰值幅度、频率差值，如图2-56所示。

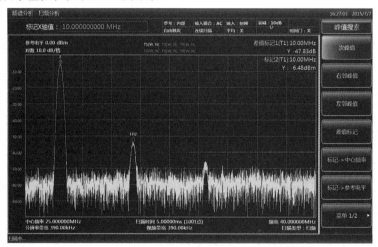

图2-56　多信号测量

2.4.4.5　失真测量

当频谱分析仪输入大信号时，会引起频谱分析仪的失真，从而影响真实信号的测量结果。使用衰减器设置，就可以确定哪个信号是频谱分析仪内部产生的失真信号。判断频谱分析仪是否产生了失真的方法如下。

1. 输入信号

将信号发生器输出的200 MHz，幅度0 dBm的连续波信号连接到射频输入端口。

2. 仪器复位

按【模式】→【频谱分析】键。按【复位】键进行复位操作。

3. 设置频谱分析仪的中心频率和频宽

按【频率】→【中心频率】键，输入400 MHz。按【频宽/横轴】→【频宽】键，输入500 MHz。

此时可以在屏幕上看到，信号在400 MHz附近存在谐波失真，如图2-57所示。

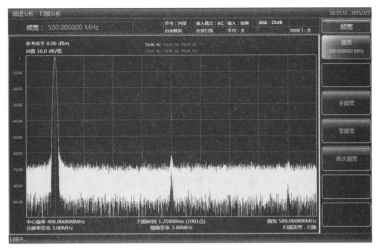

图 2-57　观测谐波失真

4. 定位谐波位置频率

按【峰值搜索】→【次峰值】键。按【标记】→【中心频率】键。

5. 重新设置频宽、中心频率

按【频宽/横轴】→【频宽】键，输入 50 MHz。按【标记】→【中心频率】键。

6. 设置衰减器，打开差值标记

按【幅度/纵轴】键，依次按【衰减器】→【机械衰减器 自动 手动】，输入 0 dB。按【峰值搜索】→【差值标记】键，打开差值标记。

7. 修改衰减器设置

按【幅度/纵轴】键，依次按【衰减器】→【机械衰减器 自动 手动】，输入 10 dB。此时观察差值标记的示值，若读数大于 1 dB 则说明频谱分析仪产生了一定的失真，如图 2-58 所示。

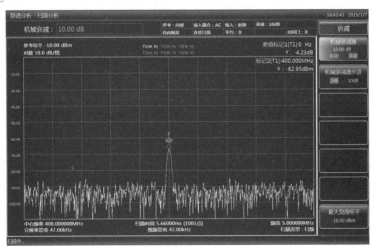

图 2-58　通过差值标记观察失真情况

2.4.4.6 宽带噪声的测量

在电子对抗装备测试中，常常需要测量宽带噪声信号的带宽，本小节以幅度–35 dB、中心频率4 GHz、带宽10 MHz的白噪声信号为例，讲解频谱仪测量宽带噪声信号10 dB带宽的操作步骤。

1. 输入信号

将幅度–35 dB、中心频率4 GHz、带宽10 MHz的白噪声信号连接到射频输入端口。

2. 仪器复位

按【模式】→【频谱分析】键。按【复位】键进行复位操作。

3. 设置中心频率和频宽

为了观测到宽带噪声信号，需要对观测的频率范围进行设置。按【频率】→【中心频率】键，输入4 GHz。【频宽/横轴】→【频宽】键，输入50 MHz。

4. 设置参考电平

按【幅度/纵轴】→【参考电平】键，输入0 dBm。

5. 设置左侧标记

按【标记】→【正常标记】键，此时标记生成在4 GHz处，使用面板上的旋钮移动标记至信号左侧–45 dB处。

6. 激活差值标记

按[差值标记]软键，此时第一个标记变为红色，表示该标记为固定标记（参考点），标记编号为2。第二个标记的编号为1R2，表示差值标记。使用面板上的旋钮移动标记至信号右侧–45 dB处。

测量结果如图2-59所示，此时通过读取差值标记的数值即可获得宽带噪声信号的10 dB带宽。

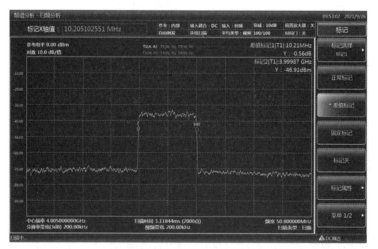

图2-59　宽带噪声测量

2.4.5 频谱分析仪的选用

　　在进行频谱分析仪的选用时要着重关注频率范围、本底噪声、相位噪声、输入功率等几个参数。首先要关注的是频谱仪的频率范围，必须保证待测信号在频谱仪的工作频率范围以内。其次要关注的是频谱仪的本底噪声，本底噪声需要低于测试信号的最小幅度，否则待测信号将会淹没在本底噪声中无法测出。输入功率也是一个需要关注的参数，频谱的输入功率分为平均连续功率、脉冲输入功率。

2.5　网络分析仪

2.5.1　网络分析仪的基本概述

2.5.1.1　网络分析的基本概念

1. 网络分析概述
　　随着信号频率的提高，当电路的工作波长和电路元器件的尺寸可比拟的时候，电路的分布参数将不能再被忽略。因此，对于微波电路，人们不再关心元器件上的电压电流关系，而是关心信号传输时的传输和反射特性，此时需要进行的就是对于网络参数的测量。

　　所谓网络，其实是对实际物理电路和元器件进行的数学抽象，主要用来进行网络外部特性的研究。网络中的元件的特性可以用网络对激励信号的传输和反射特性来表征，当网络的输入端电压、电流和输出端的电压、电流的相互关系已知时，其特性就完全确定了。

2. S 参数
　　在低频电路中，一般用阻抗 Z 参数或导纳 Y 参数来描述电路特性。这些参数都是基于电流、电压的概念，对于微波电路并不合适。

　　描述微波网络特性的参数有很多，最常用的是散射参数（S 参数），S 参数均为复数，包含了幅度和相位信息。任何网络都可以用多个 S 参数来表征其端口特性，在 S 参数中，第一个数字下标代表波的出射端口，第二个数字下标代表波的入射端口。S_{11} 是端口 2 匹配时端口 1 的反射系数，S_{22} 是端口 1 匹配时端口 2 的反射系数，S_{21} 是端口 2 匹配时的正向传输系数，S_{12} 是端口 1 匹配时的反向传输系数。对于 n 端口网络，需要 n^2 个 S 参数来进行描述。图 2-60 给出了二端口网络的 S 参数，其中 a_1、a_2 是网络的入射波，b_1、b_2 是网络的反射波。当入射波 a_1 进入端口 1 时，其中的一部分会反射回来，大小为 $S_{11}a_1$，另一部分经过网络传输到端口 2 成为出射波，大小为 $S_{21}a_1$。对于 a_2 也是同理。因此有：

$$\begin{cases} b_1 = S_{11}a_1 + S_{12}a_2 \\ b_2 = S_{21}a_1 + S_{22}a_2 \end{cases}$$

式中 S_{11}、S_{22}、S_{12}、S_{21} 就是二端口网络的四个 S 参数，式被称为散射方程组。

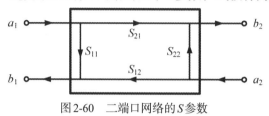

图 2-60　二端口网络的 S 参数

有了 S 参数就可以推导出其他常用的网络参数，具体计算方法如下。

电压驻波比：$\text{VSWR} = \dfrac{1 + |S_{11}|}{1 - |S_{11}|}$。

反射系数：对于端口 i，$\varGamma = S_{ii}$。

阻抗：对于端口 i，$Z = R + jX = Z_0 \dfrac{1 + S_{ii}}{1 - S_{ii}}$。

增益：$G = 20 \lg |S_{21}|$。

传输系数：正向 $T = S_{21}$；反向 $T = S_{12}$。

传输相移：正向 $\varphi = \arctan S_{21}$；反向 $\varphi = \arctan S_{12}$。

群延迟：$\tau = -\dfrac{\mathrm{d}\varphi}{\mathrm{d}\omega}$（$\omega$ 为角频率）。

2.5.1.2　网络分析仪的功用

网络分析仪全称为微波网络分析仪，是测量网络参数的一种新型仪器，可直接测量有源或无源网络的 S 参数，并以扫频方式给出各种 S 参数-频率的特性。网络分析仪能对测量结果逐点进行误差修正，并换算出其他几十种网络参数，如反射系数、电压驻波比、阻抗（或导纳）、衰减（或增益）、相移等参数。

2.5.1.3　网络分析仪的分类

网络分析仪主要分为标量网络分析仪和矢量网络分析仪两类。标量网络分析仪只能测量 S 参数的幅度特性，测量的结果包括传输增益和损耗、回波损耗、驻波比和反射系数等。矢量网络分析仪是网络分析仪中功能最强的一类，它能测量 S 参数的幅度和相位特性，测量结果包含传输增益和损耗、回波损耗、驻波比、反射系数和相位特性等。

2.5.2　网络分析仪的基本工作原理

网络分析仪以双端口网络分析为基础，如图 2-61 所示，一个典型的网络分析仪主要包括信号源、信号分离设备、接收机、信号处理和显示设备五个部分。

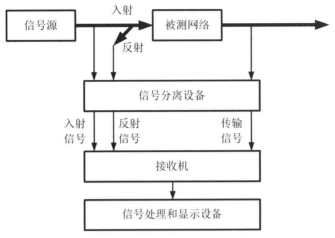

图2-61　网络分析仪的基本组成框图

2.5.2.1　信号源

网络分析仪中的信号源一般为射频微波信号源，其作用是为被测网络提供激励，通过扫描信号源的频率，就能测得被测网络的频率响应特性。信号源的频率范围、频率稳定度、频谱纯度等参数都会对测试的精度产生影响。

2.5.2.2　信号分离设备

信号分离设备的功能是能把入射信号、反射信号和传输信号分离，以便于对它们幅度和相位参数分别进行测量。信号分离一般采用定向耦合器或功率分配器来实现，它们实现传输测试的结构如图2-62所示。

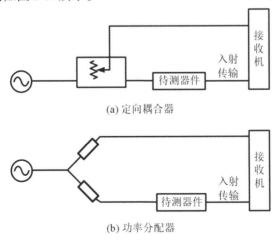

(a) 定向耦合器

(b) 功率分配器

图2-62　电压传输测试的结构形式

2.5.2.3 接收机

接收机的作用是将射频信号或微波信号转换成中频信号。标量网络分析仪中的接收机常采用宽带二极管电路构成，通过二极管检波的方法实现信号转换，此种方法成本较低并且容易实现。矢量网络分析仪中的接收机则主要采用调谐接收机，通过基波混频或谐波混频的方式来实现信号转换。调谐接收机中带有中频窄带滤波器，能够滤除干扰噪声，调谐接收机的动态范围非常大，可以有效地避免谐波和干扰响应。

2.5.2.4 信号处理和显示设备

信号处理和显示设备的作用是对接收机输出的中频信号进行处理并将测试所得的数据按照需要的方式进行显示。

2.5.2.5 网络分析仪的校准

1. 校准的意义

由于制作工艺和硬件电路的限制，使用网络分析仪进行测量时会不可避免地产生系统误差，通过对网络分析仪的校准可以消除测量的系统误差，提高测量精度。

2. 需要校准的情景

（1）希望获得尽可能高的测量精度。

（2）采用不同类型的连接器或阻抗。

（3）在被测件和分析仪测试端口之间连接了电缆/转接器。

（4）在很宽的频率范围内对被测件进行测量或测量长电延时器件。

（5）在被测件的输入或输出口连接了衰减器或其他类似的器件。

（6）测试中改变了测试频率、中频带宽、扫描点数后也需要重新校准。

3. 校准的原理

校准原理是对已知参数的校准器件进行测量，将这些测量结果贮存到分析仪的存储器内，利用这些数据来计算误差模型。然后，利用误差模型从后续测量中去除系统误差的影响。校准过程就是通过测试校准件来明确仪表系统误差的过程。根据校准件的不同，校准方式可以分机械校准和电子校准。

4. 校准的技术

常用的校准技术主要分为SOLT、TRL和ECal三种，其中SOLT和TRL使用机械校准件，ECal使用电子校准件。

（1）SOLT

SOLT指的是短路（short）、开路（open）、负载（load）和直通（through），这种校准方法要求使用短路、开路和负载标准校准件。如果被测件上有雌雄连接器，还需要分别为雌雄连接提供对应的标准件，连接两个测量平面，形成直通连接。SOLT校准能够提供优异的精度和可重复性，操作正确的话，SOLT可以测量百分之一分贝数量级的功率和毫度级相位。

（2）TRL

TRL指的是直通（through）、反射（reflect）和线路（line），在要求高精度并且可用的标准校准件与被测件的连接类型不同的情况下，一般采用TRL校准。使用测试夹具进行测量或使用探头进行晶圆上的测量通常都属于这种情况。TRL校准的标准件不需要像SOLT标准件那样进行完整或精确的定义。TRL校准极为精确，在大多数情况下，精确度甚至超过SOLT校准。

（3）ECal

要想最大限度地减少校准过程中的人为误差，ECal是一个极好的选择。ECal模块必须通过USB连接到网络分析仪上才能使用。该模块会自动感知端口连接并开始其校准过程。这个过程（通常用时不到30秒）具有高度的可重复性，并且正确执行时可获得与其他许多手动校准技术相当的精度。

5. 校准的基本步骤

（1）按测试要求连接网络分析仪。

（2）进行合适的设置来优化测量。

（3）移走被测件，利用校准向导选择校准类型和校准件。

（4）按照校准向导的提示，连接已选校准类型中需要的校准标准进行测量。分析仪通过对校准标准进行测量计算出误差项，存储在分析仪的存储器里。

（5）重新连接被测件进行测量，当在器件测量中使用误差修正时，误差项的影响将被从测量中去除。

2.5.3　网络分析仪的应用实例

本小节以某典型矢量网络分析仪为例（图2-63），介绍矢量网络分析仪的基本应用实例。

2.5.3.1　仪器简介

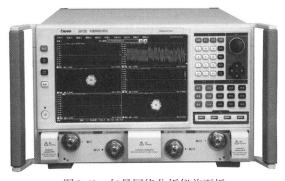

图2-63　矢量网络分析仪前面板

1. 鼠标操作界面

该典型矢量网络分析仪的鼠标操作界面如图2-64所示。可以使用鼠标进行以下操作：

（1）点击菜单栏显示下拉菜单。

（2）点击输入工具栏调整输入数值的大小。

（3）点击光标工具栏使用光标功能。

（4）点击测量工具栏添加测量轨迹。

（5）点击扫描工具栏控制分析仪的扫描。

（6）点击激励工具栏设置扫描激励。

（7）点击时域工具栏设置时域参数。

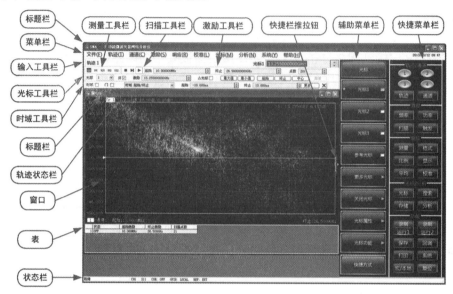

图2-64　矢量网络分析仪鼠标操作界面

2. 测试端口

测试端口如图2-65所示，分析仪的测试端口为50Ω、3.5mm/2.4mm/2.15mm（阳性）端口。分析仪可以进行射频源和接收机之间相互切换，以便在两个方向上进行被测器件测量，黄色灯用来指示源输出端口。

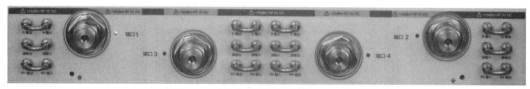

图2-65　矢量网络分析仪的测试端口

2.5.3.2　电子校准

本小节以电子校准为例介绍网络分析仪的校准。如图2-66所示，电子校准是通过网络分析仪对电子校准件多个标准测量，并与电子校准件标准定标值计算，得到系统误差的过程。电子校准能够提供的校准精度与机械校准相近，同时，电子校准减小了矢量网络分析仪校准操作中由于手动切换校准标准件造成的人为误差和时间消耗。每个电子校准件具有自己唯一的 S 参数并且保存在内部存储器中。校准时，矢量网络分析仪调用该电子校准件的标准 S 参数并通过复杂的测量和计算获取本机的矢量误差系数。

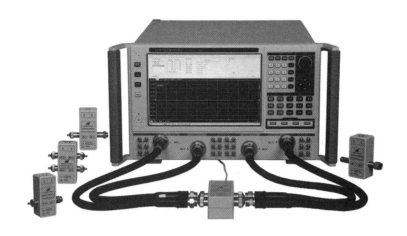

图 2-66　网络分析仪与校准件连接

具体的电子校准操作步骤如下：

1. USB 电缆的一端连接到电子校准件的 USB 接口，另一端连接到矢量网络分析仪前面板上的 USB 接口，打开矢量网络分析仪预热至少 30 分钟，同时电子校准件的红色等待指示灯会点亮，电子校准件开始预热。双端口电子校准件一般需要预热 10 分钟，四端口通常需要 18 分钟，电子校准件内部达到设定温度后，绿色就绪灯点亮（预热时间与环境温度有关）。

2. 根据被测件的特性，设置矢量网络分析仪的频率范围、中频带宽、功率电平和扫描点数等信息。

3. 预热结束后，用测试电缆连接电子校准件的端口和矢量分析仪的测试端口，根据矢量网络分析仪的提示执行所需的校准。

4. 点击【校准】→【校准…】选项，在弹出的对话框中选择【电校准（ECal）】，点击【下一步】进入电子校准功能，如图 2-67 所示。

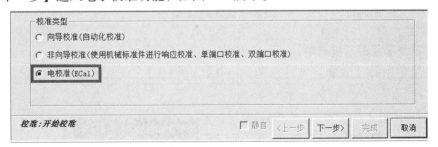

图 2-67　校准类型的选择

5. 点击【校准件选择…】按键，进行电子校准件的模块及表征数据的选择，通过【校准类型选择】窗口选择进行多端口或单端口校准，点击【测量】按键进行电子校准的测量过程，如图 2-68 所示。

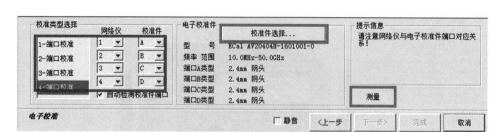

图2-68　电子校准设置界面

6.校准完成后，点击【完成】键保存校准结果。校准完成后可以把测试电缆从电子校准件端口上取下直接对接后看直通曲线（S21），能够大致看到校准是否成功。在一个硬件性能较好的网络仪上能够看到直通曲线的幅度都在±0.2 dB之内。最后，连接被测件，即可开始测量。

2.5.3.3　S参数的测量

1. 选择测量参数

点击菜单中的【轨迹】→【新建轨迹】，在对话框中选择S参数，勾选所需测量的S参数，选择对应的通道，如图2-69所示。

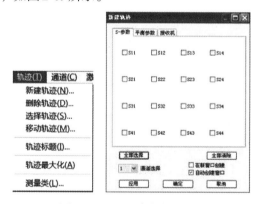

图2-69　设置S参数轨迹

2. 设置频率范围（校准前）

点击菜单中的【激励】→【频率】→【起始/终止】，设置起始和终止频率，如图2-70所示。

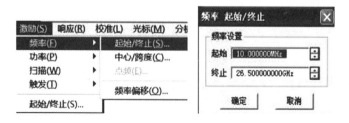

图2-70　设置起始和终止频率

3. 设置信号功率电平

点击菜单中的【激励】→【功率】，在弹出的界面中进行各个端口功率的设置，如图2-71所示。

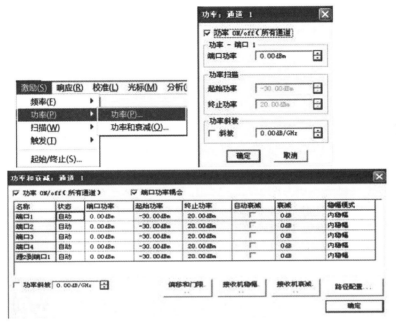

图2-71　设置功率电平

4. 设置扫描类型

点击菜单中的【激励】→【扫描】→【扫描类型】，在弹出对话框中选择扫描类型，默认为线性扫描，如图2-72所示。

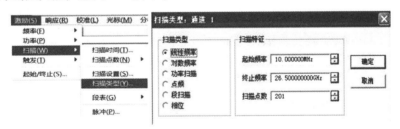

图2-72　设置扫描类型

5. 设置触发方式

点击菜单中的【激励】→【触发】，在子菜单中可以选择连续、单次、保持三种触发方式，如图2-73所示。

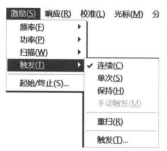

图2-73 设置触发方式

6. 观察多个参数设置

菜单路径：【响应】→【显示】→【测量设置...】，显示测量设置对话框。在对话框中选择预配置的测量设置B。菜单路径：【响应】→【显示】，弹出显示子菜单。在显示子菜单中选择窗口排列方式。图2-74为20 dB衰减器S参数的测量结果。

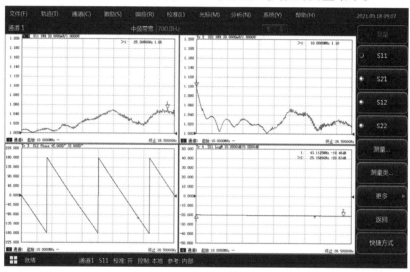

图2-74 观测20 dB衰减器的S参数

2.5.4 网络分析仪的选用

在选用网络分析仪的时候应当着重关注以下几个指标：

1. 频率范围：提供激励信号及接收机测量的频率范围，用来测量射频和微波器件、系统和子系统在设计和制造应用中的幅度和相位响应。

2. 端口数：提供两端口或四端口网络分析。仪器端口通常为3.5mm/2.4mm/2.92mm/1.85mm（阳性）连接头。两端口网络分析仪多用于分析天线匹配和调节，滤波器测量，放大器测量，射频电缆等双端口网络的测量。四端口网络分析仪则多用于测量多端口被测件，如高一致度的双工器、耦合器、功分器、混频器和隔离器。

3. 输出功率范围：满足被测件提供激励信号的功率。

4. 动态范围：指网络分析仪允许输入的最大功率和最小可测功率（噪声基底）之间

的差值。要使测量正确有效，输入信号必须在这个范围内。如果需要测量的被测件响应幅度变化很大，如滤波器通带和阻带测试，则必须有足够的动态范围。

5.常用配件：校准套件、测试电缆等，与频率范围及端口尺寸密切相关。

2.6　功率计

2.6.1　功率计的基本概述

2.6.1.1　功率计的功用

功率是表征微波信号特性的一个重要参数，微波功率计则是精确测量微波功率电平的最基本的测试仪器，被广泛应用于微波通信、雷达、导航、信号监测等领域，可完成微波信号平均功率、峰值功率和脉冲包络功率等参数的精确测量与计量。

2.6.1.2　功率计的分类

按照功率计的工作原理，功率计可分为热敏式功率计、热电偶式功率计、晶体管式功率计、量热式功率计、二极管式等类型。目前在射频和微波频段常用的功率计只有热敏式功率计、热电偶式功率计和二极管式功率计三种，针对这三种常用功率计也分别有三种传感微波功率的方法，通常用热敏电阻、热电偶和二极管检波器这三种器件进行传感和测量。按照被测功率的特征分类，可分为连续波功率计和峰值功率计，在进行功率计选型时应根据实际测试需求选择对应种类的功率计。

2.6.1.3　平均功率和峰值功率

微波功率计在电子对抗中常用来测量发射机的输出功率，通常规定发射机送至天线输入端的功率为发射机的输出功率，峰值功率指脉冲期间射频振荡的平均功率，用 P_t 表示；而平均功率则是脉冲重复周期（PRI）输出功率的平均值，常用 P_{av} 表示。对于脉冲体制雷达发射的简单矩形脉冲列来说，峰值功率和平均功率有如下关系：

$$P_{av} = P_t \cdot \frac{\tau}{T}$$

其中，T 表示脉冲重复周期，τ 表示脉冲宽度，$\frac{\tau}{T}$ 为占空比，上述情况下，峰值功率=平均功率×占空比。

2.6.2　功率计的基本原理

功率计的基本组成如图2-75所示。微波功率计主要由微波功率探头和功率计主机两部分组成，根据所测量信号的不同可灵活地选配功率探头。功率计主机主要由调理电路、A/D 转换电路、数据处理电路、CPU 控制电路、校准源电路、DAC 电路和时基与触发电路等部分单元构成。微波功率计探头首先对微波信号进行检波，检波信号经过预放大后，输入功率计主机进行处理。输入信号经过通道调理电路后，将信号分为两路，一路送到A/D转换电路，转化成数字信号送给数据处理单元，经处理后产生对应的功率值；另一路送到时基与触发电路，产生同步触发信号，对应于采集信号的水平显示位置，两路信号经处理后在屏幕上显示。校准源电路主要为微波功率计提供一绝对功率参考，保证测量结果的可溯源性。

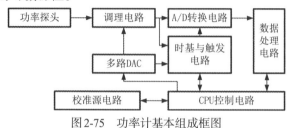

图2-75　功率计基本组成框图

2.6.3　功率计的应用实例

本小节以某典型微波功率计为例（图2-76），介绍功率计的基本应用实例。

2.6.3.1　仪器简介

图2-76　微波功率计前面板

1. 显示界面

图2-77　微波功率计显示界面

该典型微波功率计的操作界面如图2-77所示，其中各标号的内容与代表含义在表2-8中给出。

表2-8　微波功率计操作界面说明

编号	信息内容	代表含义
1	功率显示	显示当前测量的功率值
2	功率单位	当前测量功率的单位,dBm 或 W
3	当前门	显示当前测量结果为哪一个门。A₁表示A通道的门1
4	数值测量类型	当前测量结果为门内的哪一种测量类型,有"平均功率""峰值功率""峰均比""最小功率""极值比"5种类型。"均值"代表数值测量类型为"平均功率"。
5	频响偏置表	当前测量值调用的哪一个频响偏置表,有10个频响偏置表可供选择。频响偏置表是用户自己定义的频率因子修正表格。(1)代表调用第一个频响偏置表。
6	频率值	当前被测信号的载波频率值,需要用户手动设置。
7	触发模式	触发模式。设置当前测量的触发模式,有3种选择,分别为"自由运行""连续触发""单次触发"。
8	偏置状态	偏置状态有2个,如果打开显示偏置,则显示"显示偏置开",如果打开通道偏置,则显示"通道偏置开",如果2个偏置都打开,则显示"两个偏置开"。显示偏置作用于当前窗口;通道偏置作用于选择的通道。
9	仪器状态	显示当前仪器处于本地状态还是程控状态。
10	测量状态	提示当前测量的状态。"测量中"提示仪器处于正常测量中。
11	软键菜单	显示当前软键代表的菜单选项。

2.6.3.2　连续波探头校零、校准

该典型微波功率计配有连续波功率探头，为保证测量的精准度，一般在更换功率头、功率计开机、测试环境温度变化大于5℃、使用时间超过24小时、测量小信号等情况时会对探头进行校零和校准，具体的操作步骤如下。

1.关闭被测设备信号输出，将多芯电缆一端接入前面板的通道A端口，一端接入连续波功率探头，然后开机。

2.按【校准】→【通道A】→【校零+校准】。

3.等待30秒，校零和校准操作完成。

2.6.3.3　连续波功率测量

该典型微波功率计配接连续波功率探头来测量连续波信号，功率测量动态范围从−70 dBm到+50 dBm。以通道A为例，连续波功率测量的具体操作步骤如下。

1.设置【频率】→【通道A频率】，输入被测信号的频率值保证系统调用正确的校准因子，确保测量准确度。

2．将探头接到被测信号的输出端口，系统屏幕显示信号的平均功率电平。

3．按【菜单】→【显示】→【数值窗口单位】，选择当前功率测量值单位为"对数"或者"线性"。

4．按【窗口】功能键，显示切换到扩展窗口模式，再次按【窗口】键，切换到全屏显示模式。

2.6.3.4　脉冲信号功率测量

本小节以微波功率计的A通道、配接峰值功率探头为例，讲述一下如何进行脉冲信号的功率测量。

具体操作步骤如下：

1．将峰值功率探头校零、校准后，接到信号发生器输出端。

2．设置【菜单】→【显示】→【显示类型】→【迹线A】，将波形显示出来。

3．设置【菜单】→【触发】→【A触发方式】→【连续触发】，【触发设置】→【触发源】→【通道A】，【触发模式】→【自动】，【触发电平】→【0 dBm】，【边沿触发】→【-】，完成触发菜单设置。

4．设置【窗口】，由小窗口显示转换为中窗口显示。

5．设置【迹线设置】→【垂直中心】→【-10 dBm】，【垂直刻度】→【10 dB/】，【触发位置】→【中】，【水平刻度】→【5μs/】，完成多个波形的显示。

6．【通道】→【迹线控制】，进入迹线控制，【测量参数】→【功率】，如图2-78所示，得到多个波形显示和功率参数自动测量。

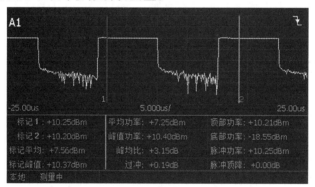

图2-78　脉冲信号功率测量

2.7　常用测试器件

2.7.1　射频连接器

射频连接器是在高频设备系统中传输微波信号的部件。射频连接器的工作频率对于其性能有较大的影响，频率越高，传输的电磁能量就越易在阻抗不连续处（一般是线缆与连接器相连处）产生能量反射，从而导致信号衰减损耗。常用的射频连接器型号有BNC型、N型、SMA型、2.4mm型等。表2-9为典型射频连接器工作频率。

表2-9　典型射频连接器工作频率

连接器类型	BNC	TNC	N	SMA	3.5mm	2.92mm	2.4mm	1.85mm
工作频带（GHz）	DC～1	DC～12	DC～18	DC～26.5	DC～34	DC～46	DC～50	DC～67

2.7.1.1　N型连接器

如图2-79所示，N型接头，俗称N头，全称Nut Connector（螺母连接器），是一种用于同轴线缆的中小功率连接器。N型连接器的工作频带覆盖直流至18GHz，具有可靠性高、抗振性强、机械和电气性能优良等特点，广泛用于振动和环境恶劣条件下的无线电设备和仪器及地面发射系统连接射频同轴电缆。

（a）公头　　　　　　　　　　　　　　（b）母头

图2-79　N型连接器

2.7.1.2　SMA型连接器

如图2-80所示，SMA型连接器是一种超小型的螺纹连接的同轴射频连接器，适合半硬或者柔软射频同轴电缆的连接。SMA型连接器的工作频段覆盖直流至26.5GHz，具有尺寸小、性能优越、可靠性高、使用寿命长等优点。常应用于微波设备和数字通信系统的射频回路中连接射频电缆或微带线。

（a）公头　　　　　　　　　　　　　　（b）母头

图2-80　SMA连接器

2.7.1.3　BNC型连接器

如图2-81所示，BNC型连接器是用于低功率的具有卡口连接机构的同轴电缆连接器。BNC型连接器的工作频段覆盖直流至1GHz，这种连接器可以快速连接和分离，具有连接可靠、抗振性好、连接和分离方便等特点，适合频繁连接和分离的场合，广泛应用于无线电设备和测试仪表中连接同轴射频电缆。

（a）公头

（b）母头

图2-81　BNC型连接器

2.7.1.4　3.5mm、2.4mm射频连接器

如图2-82（a）和图2-82（b）所示，3.5mm射频连接器外导体内径为3.5mm，是一种常用毫米波连接器，采用空气介质，可与SMA、2.92mm射频连接器互相连接。3.5mm射频连接器的频率范围覆盖直流至34 GHz，具有使用频带宽、可靠性高等优点，广泛应用于微波测量及毫米波设备中。3.5mm连接器的外导体较SMA连接器厚，机械强度好于SMA连接器。所以不仅电气性能优于SMA连接器，而且机械耐久性、性能的可重复性均高于SMA连接器，较适合于测试行业使用。

如图2-82（c）和图2-82（d）所示，2.4mm射频连接器是外导体内径为2.4mm，阻抗为50欧姆的连接器，内径尺寸小，所以工作频率更高，标称频率可达50GHz。2.4mm射频连接器可与2.15mm射频连接器互相连接，需要注意的是，2.4mm射频连接器不能与SMA或3.5mm射频连接器互接，否则会损坏接触的针孔。

（a）3.5mm公头

（b）3.5mm母头

（c）2.4mm公头

（d）2.4mm母头

图2-82　3.5mm和2.4mm射频连接器

2.7.2　同轴电缆

同轴电缆也被称作同轴线，是由一个或若干个互相绝缘且同心排列的内导体和管状外导体构成的同轴管组成的电缆，如图2-83所示。有中、小和微同轴电缆等。

图2-83　同轴电缆

同轴电缆传输频带宽，通信容量大，衰减小，抗干扰性能好，传输质量稳定，使用寿命长，常用于多路通信和传送电视等信号。市面上各种类型的同轴电缆大致分为柔性电缆和半刚性电缆。柔性电缆广泛地用作测试和表征的测量工具。半刚性电缆内导体和外导体都是实心的，并且这两个导体被电介质均匀地隔开。半刚性电缆可以弯曲到适当的角度，但是一旦弯曲，就不能恢复其原始形状。在选用同轴电缆时要格外注意电缆的频段范围、承受功率、插入损耗等指标是否符合测试要求。

2.7.3　波导

当信号频率增高到厘米波和毫米波频段时，同轴电缆损耗增大，功率容量也迅速下降。为了提高信号传输效率和功率容量，采用去掉内导体的空心单导体导波系统，即波导。双脊波导是电子对抗装备测试中常用到的一种波导，其实物图如图2-84所示。

电磁波辐射沿着导管内壁反射传导。波导常被充以空气，但有时也使用其他电介质。波导广泛用于将电磁能量有效地从一个点传输到另一个频率点。通过改变波导元件的截面尺寸、增加膜片、开孔、增加销钉等方式（等效于改变电路的电阻、电感、电容），实现微波的波形变换、阻抗匹配、耦合、谐振等功能。与同轴线相比，它们通常更容易制造；同时，它们的衰减较小，因此常用于微波频率。常见的波导有平行板波导、矩形波导、圆形波导、椭圆波导等。

图2-84　双脊波导

2.7.4　衰减器

衰减器是一种提供衰减的电子元器件，广泛地应用于电子设备中，它的主要用途是：

1.对电路中信号功率（电平）进行衰减；

2.在比较法测量电路中，可用来直接读被测网络的衰减值；

3.改善阻抗匹配，若某些电路要求有一个比较稳定的负载阻抗时，则可在此电路与实际负载阻抗之间插入一个衰减器，能够缓冲阻抗的变化。

衰减器主要分为固定衰减器和可变衰减器。可变衰减器又分为模拟可调衰减器和数控衰减器。固定衰减器通常采用电阻实现，模拟可调衰减器通常采用PIN管实现，数控衰减器通常采用开关来选择固定衰减器的不同衰减量实现。其实物图如图2-85所示。

图2-85 衰减器

2.7.5 耦合器

在微波系统中，往往需将一路微波功率按比例分成几路，这就是功率分配问题。实现这一功能的元件称为功率分配元器件即耦合器，通过耦合器可以实现将输入功率的一部分只传向某一端口。耦合器主要包括：功率分配器、定向耦合器以及各种微波分支器件。功率分配器和定向耦合器的实物如图2-86所示。

（a）功率分配器

（b）定向耦合器

图2-86 耦合器

功率分配器，即功分器，就是将输入的信号按照一定的功率比例分配到各输出端口的一种器件。功分器既可以用作功率分配也可以作为功率合成。功率分配器的主要指标有工作频率、带宽、插入损耗、分配路数、隔离度、幅相平衡、承受功率等。

定向耦合器可用于信号的隔离、分离和混合。例如，功率的监测、源输出功率稳幅、信号源隔离、传输和反射的扫频测试等。定向耦合器的主要指标有耦合度、隔离度、输入驻波比、频带宽度、插入损耗等。

2.7.6 微波负载

微波负载的实物如图2-87所示，在测试中，常常在测试电路中接入微波负载。微波负载主要用于吸收射频或微波系统的功率，可作为天线的假负载和发射机终端，也可以作为多端口微波器件如环行器、方向耦合器的匹配端口，从而保证特性阻抗得到匹配，进行精确测量。在选用微波负载时需要注意其工作频带和功率是否满足测试需求。

图2-87 微波负载

2.8　测试仪器使用注意事项

2.8.1　仪器用电安全

在使用测试仪器进行测试时，有以下几点用电的注意事项。

1. 仪器加电前，需保证实际供电电压需与仪器标注的供电电压匹配。

有些仪器，特别是进口仪器，电源输入插座会有100V～120V和220V～240V等多个档位。使用仪器前要先确认是否在220V档位上。如果档位拨错成110V，轻则烧毁电路中的保险丝，重则烧毁仪器电源甚至其他功能模块。

2. 所有仪器和待测物必须可靠接地。

参照仪器后面板电源要求，采用三芯电源线，使用时保证电源地线可靠接地，浮地或接地不良都可能导致仪器被毁坏，甚至对操作人员造成伤害。如果仪器未接地或地线接触不良，会造成设备端口带电。可能在端口与其他设备相连的瞬间放电损坏内部电路，这对于电子仪器和待测目标是致命的。甚或对人体放电，造成人身安全事故。若仪器需要固定在测试地点，那么首先需要专业人员安装测试地点与仪器间的保护地线。

3. 请勿使用损坏的电源线。

在仪器连接电源线前，需检查电源线的完整性和安全性。损坏的电源线会导致漏电，损坏仪器，甚至对操作人员造成伤害。若使用外加电源线或接线板，使用前需检查以保证用电安全。接线板禁止串联，防止耗电总功率过大。

4. 插座使用应保持规范。

保持插座整洁干净，插头与插座应接触良好、插牢。插座与电源线不应过载，否则会导致火灾或电击。

5. 保证仪器的完整性。

除非经过特别允许，不能随意打开仪器外壳，这样会暴露内部电路和器件，引起不必要的损伤。

2.8.2　仪器摆放安全

1. 仪器合理堆叠

当需要将仪器进行堆叠时，保证小仪器在大仪器之上，严禁仪器的过度堆叠，尤其是重量比较大的仪器，否则会造成仪器外部变形、跌落损坏等意外情况。必要时需使用专用仪器架。

2. 保证仪器散热

确保仪器工作时散热良好是仪器长期正常工作的基本要求。一般要求仪器周围与其他物体，例如其他仪器/墙面等，保证10cm以上的距离。特别是有安装风扇的面，确保空气流通。同时要注意仪器的散热通道不要形成串流（出风口对进风口），否则下游机器会因过热而不能正常工作甚至导致故障。

3. 适宜的工作环境

确保仪器工作于合适的环境，避免加速老化或其他异常。一般的，测试仪器设备工作的适宜环境要求如下：

温度：5℃～40℃，大气压力：70.0kPa～106.0kPa，相对湿度：20%～80%，并要避免灰尘环境和阳光直射，且远离震源、水源和腐蚀性气体。

2.8.3 静电防护

人体在未做有效的防静电措施的情况下，身体和衣服上经常带1000V到5000V的静电，只要构成通路，积累的静电就会释放，在极短的时间内释放出大量的能量，常常导致电路元件损坏。电子仪器（尤其是仪器中的大规模集成电路）对静电非常敏感，许多高速超规模集成电路碰到仅几十伏的或更低的静电就会被损坏。安装在印刷电路板上的器件因静电引起损坏的危险性更大，因为每一根印刷线或导线都是连接几个元件通路，某一处的静电往往会影响到几个以上的器件。基于以上原因，电子测试仪器必须采取严格的静电防护措施（图2-88）。

静电防护的措施与注意事项如下：

1. 操作仪器时应使用静电防护桌垫和脚垫，穿戴静电防护服并佩戴好防静电手环和脚环。

（a）静电防护工作台　　　（b）静电防护服　　　（c）静电防护手环

图2-88　静电防护措施

2. 禁止用手触摸仪器端口。

3. 禁止输入超过仪器允许范围的信号，对于未知信号要进行估值，必要时在输入端口加衰减器、衰减探头等。

4. 避免热拔插，对于不支持热拔插的接口如GPIB、监视器等，在拔插配件之前要先将仪器关闭断电。

2.8.4 大功率测试安全

在电子对抗装备的测试中，常常涉及大功率装备或设备的测试，在进行大功率测试时需要注意以下事项：

1. 大功率输出必须加衰减器或负载。

（1）发射机的测试

当发射机输出端口悬空时，输出信号处于全反射状态，反射波会损坏发射机，因此必须在其输出端口加上负载或衰减器。一般用以下两种方式进行发射机的测试：一是在发射机的输出端通过定向耦合器连接负载，将定向耦合器耦合端输出的小功率信号连接至测试仪器进行测试；二是在发射机的输出端接衰减器后，连接测试仪器进行测试。

（2）使用功率放大器的测试

在进行电子对抗装备的辐射接收测试时，常常需要用大功率输出的功率放大器对发射的信号进行放大，此时要注意，功率放大器的输出端必须连接天线。此时天线相当于一个匹配的负载，将功率放大器发出的信号吸收并发射出去，如果忘记连接天线，功率放大器也会损坏。

2. 确保输入测试仪器的信号功率在仪器的承受功率范围之内。

在使用测试仪器时，必须保证输入信号小于其最大可承受功率，所以大功率信号在经过衰减器或定向耦合器后仍需要对输入信号的功率大小进行判断，若信号功率仍较大，可通过多级衰减器对其进行多次衰减（一般要求信号衰减至小于仪器最大可承受功率 10 dB 以上）。常用测试仪器的最大可承受功率一般在 1 W 以内，因此信号常常要衰减至 mW 量级。

3. 注意测试流程中的操作规范。

（1）在开始测试时先将所有仪器设备连接好后再打开信号，在测试结束时先关闭信号再断开仪器设备的连接。

（2）在输入信号时，一般先将信号功率设置为最小，再逐步增大至所需功率。

（3）为了防止功放开机时的过冲损坏仪器设备，在使用功放时一般先将其增益调至最小，再逐级增大至所需增益大小。

4. 注意测试人员的辐射安全

大功率测试常常伴随着较强的电磁信号辐射，测试人员要避免暴露在辐射源的辐射场内并与辐射源保持安全的测试距离。

2.8.5 转接头、电缆使用安全

在各种测试过程中，经常会用到连接器和电缆，连接器和电缆的使用需要注意以下事项：

1. 连接器和电缆的检查

在进行连接器检查时，应该佩带防静电腕带，建议使用放大镜检查以下各项：

（1）电镀的表面是否磨损，是否有深的划痕。

（2）螺纹是否变形。

（3）连接器的螺纹和接合表面上是否有金属微粒。

（4）内导体是否弯曲、断裂。

（5）连接器的螺套是否旋转不良。

2. 连接的方法

测量连接前应该对连接器进行检查和清洁，确保连接器干净、无损。连接时应佩带防静电腕带，正确的连接方法和步骤如下：

（1）对准两个互连器件的轴心，保证阳头连接器的插针同心地进入阴头连接器的接插孔内。

（2）将两个连接器平直地移到一起，使它们能平滑接合，旋转阳头连接器的螺套直至拧紧，连接过程中连接器的插针和插孔间不能有相对的旋转运动。

（3）使用力矩扳手拧紧完成最后的连接，注意力矩扳手不要超过起始的折点，可使用辅助的扳手防止连接器转动。

3. 断开连接的方法

（1）支撑住连接器以防对任何一个连接器施加扭曲、摇动或弯曲的力量。

（2）可使用一支开口扳手防止连接器主体旋转。

（3）利用另一支力矩扳手拧松阳头连接器的螺套。

（4）用手旋转连接器的螺套，完成最后的断开连接，断开过程中连接器的插针和插孔间不能有相对的旋转运动。

（5）将两个连接器平直拉开分离。

3

雷达对抗装备的系统测试

3.1　雷达对抗装备概述

雷达对抗装备是一种专门用于侦察、干扰和摧毁敌方雷达的电子装备。雷达对抗装备包括雷达侦察设备、雷达有源干扰设备、雷达无源干扰器材以及反辐射武器等。侦察设备用于截获敌方雷达发射的信号、测量信号特征参数、测向定位和识别雷达类型，判断威胁程度，以获取战术技术情报。干扰设备用于发射或转发各种样式的干扰信号，压制或欺骗敌方雷达，使其无法正常工作。反辐射武器用于对敌方电子设备进行火力摧毁。传统的雷达对抗装备普遍由单机构成，即侦察设备、干扰设备与反辐射武器各是一台装备。20世纪90年代以后，雷达对抗装备实现综合化和一体化，即一台装备包含侦察、干扰和反辐射武器等多个功能。

优秀的雷达对抗装备是压制敌军和掌握战场主动权的重要保障。开展雷达对抗装备的性能参数测量，可以衡量装备作战能力、确保装备运行稳定、及时发现和排除故障，因而具有重要意义。雷达对抗装备的参数测量具有：参数种类多、频率范围宽、动态范围大、精度要求高、影响因素多、测量手段复杂和技术发展快等特点，因此需要测量人员准确的认知与把握各参数的原理和测试流程。

雷达对抗装备参数的测试分为两类，一类是装备的系统（整机）性能指标测试，另一类是分系统性能指标测试。系统性能测试是将雷达对抗装备视为一个整体，测试装备总体的战术和技术性能；分系统性能测试是针对装备内部组成的各个分机或组件，分别开展具体性能测试。系统和分系统的性能参数测试在本章与下一章具体阐述。

无论是哪种参数的性能测试，其基本的步骤都是：首先，了解该参数的物理意义，清楚参数对装备作战的影响；然后，在此基础上确定具体的测量方法，选择合适的连接部位和测量环境开展测量工作；最后，分析处理测量所得到的测量数据，根据相关的规定或指标要求做出整机或某分系统合格或不合格的判断，梳理总结全部的测量过程，撰写装备的参数测量报告。

3.2 系统测试的目的和意义

雷达对抗装备的系统测试是将雷达对抗装备作为一个整体进行测试，有时也叫雷达对抗装备的整机测试。系统测试时通常不关注系统内部的组成以及各分系统相互交联的信号关系，只是通过装备对外的控制交联接口的模拟，以及对外射频信号的收发模拟与采集，测量其整体的技术指标。雷达对抗装备的系统测试工作贯穿于雷达对抗装备全寿命周期的各个阶段，是评价装备质量优劣、检验装备性能是否满足设计要求的基础性工作；同时也是掌握装备技术状态、实现装备健康管理，隔离定位装备故障的技术手段。例如，在雷达对抗装备研制生产阶段，装备在研制或生产厂商完成制造出厂前，会进行最全面的出厂验收和军检验收测试，以确保其全部功能性能指标满足要求。在雷达对抗装备使用阶段，装备的各项性能参数会随装备的使用年限而发生变化，单项指标的下降会影响装备的战技性能，甚至导致装备发生故障。因此，使用或维护人员需进行定期的系统测试，对接收机灵敏度、信号参数测量能力、发射信号功率等主要指标进行有针对性的测试，以满足特定任务的使用要求。如果发现某项指标下降，则应采取相应措施，尽快排除故障，而全面深入的系统测试又是进一步查明故障原因的重要途径。另外，雷达对抗装备在维修或者大修以后，也会进行较为全面的系统测试和校准，确保其恢复到出厂时的技术状态。

综上所述，雷达对抗装备的系统测试，不仅对于研制生产阶段确保装备满足设计要求，加工和制造满足一致性要求具有重要作用，同时对于使用阶段提高雷达对抗装备的可用度，确保雷达对抗装备始终处于良好的工作状态，充分发挥雷达对抗装备的作战效能也具有极为重要的意义。因此，无论是雷达对抗装备的研制生产人员，还是装备验收、使用和维修人员，都离不开系统测试工作。可以说，熟悉系统测试的内容、掌握正确的测量方法，是雷达对抗装备相关技术人员必须具备的基本素养。

3.3 系统测试的分类

雷达对抗装备的系统测试通常分为注入式测试和辐射式测试两种。两种方式使用时机和用途不同，各有其特点。

雷达对抗装备的注入式测试是将雷达对抗装备的接收天线、发射天线和被测系统断开，通过射频电缆或波导传输线，将雷达对抗装备接收机或发射机的射频连接端口和测试仪器相连接，如图3-1所示。通过这种方法，可以较为准确地测量出系统的接收机灵敏度、发射信号功率等技术指标，再通过计算叠加接收天线和发射天线的增益测试数据，就可以合并得出总的系统指标。注入式测试通常会用在雷达对抗装备的出厂验收测试和大修后的测试。

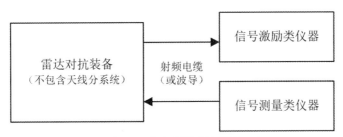

图 3-1 注入式测试示意图

雷达对抗装备的辐射测试是采用空间辐射的方法对雷达对抗装备进行测试，测试环境可以是专用的微波暗室或开阔场地，测试场地应符合远场条件，无多径反射。

辐射式测试和注入式测试相比，辐射式测试对象还包含了雷达对抗装备的天线分系统，测试设备通常也会包含功率放大器和测试天线，如图 3-2 所示。在有微波暗室条件的厂家，辐射测试通常用于和天线分系统的特性紧密相关的系统性能测试项目，如系统灵敏度测试、等效辐射功率测试、测向误差测试等等。对于使用阶段的雷达对抗装备来说，由于其已经被安装到各类武器平台上，通常只能采用开阔场地测试。这使得辐射测试很容易受到空间中其他辐射信号或自身信号反射波的影响，测量误差通常较大，对测试结果的引用需综合考虑测量误差或测量不确定度的影响。

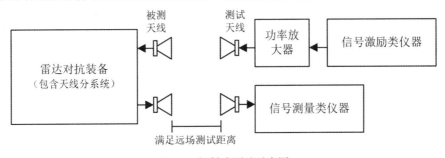

图 3-2 辐射式测试示意图

3.4 系统测试项目与方法

雷达对抗装备的各种功能和性能参数种类多样，同一参数又有多种测量方法，为了在有限的篇幅内，突出实用性，本书不讨论雷达对抗装备测试中容易理解的功能测试项目和一些简单的性能测试项目，如外形尺寸、重量、电源功耗、告警功能、干扰功能、记录和重放功能、环境适应性等等，只精选影响雷达对抗装备效能发挥的主要性能参数，讨论其常用和典型的测量方法。

3.4.1 灵敏度测试

1. 测试说明
灵敏度是雷达对抗装备正常工作时，接收端口处可识别最小信号的功率。本项目的测试方法分为注入式测试与辐射式测试两种方式，分别叫做接收机灵敏度测试和系统灵敏度测试，系统灵敏度等于接收灵敏度与天线增益之和。灵敏度测试的单位为 dBm。

接收机灵敏度指雷达对抗装备接收机端口的灵敏度，采用注入式测试，使用射频电缆将射频信号注入接收机端口，注入式测试不需要考虑空间辐射的功率衰减，但需要考虑测试用射频电缆的功率衰减。

系统灵敏度指雷达对抗装备接收天线端口的灵敏度，采用辐射式测试，辐射式测试是整机与测试设备在满足远场条件的场景下通过收发天线进行的测试，辐射式测试需要考虑天线的增益及空间辐射的功率衰减。远场条件即信号发射天线轴向对准信号接收天线，两天线间的距离 R 应符合如下要求：

$$R \geqslant 2(D_1 + D_2)^2/\lambda$$

式中：

D_1——发射天线孔径的最大尺寸，单位：m；

D_2——接收天线孔径的最大尺寸，单位：m；

λ——信号波长，单位：m。

2. 测试框图

接收机灵敏度测试框图如图3-3所示，系统灵敏度测试框图如图3-4所示。

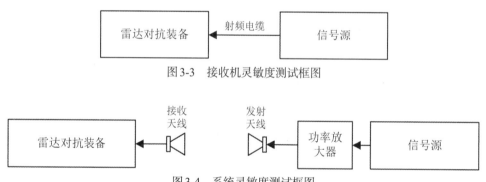

图3-3 接收机灵敏度测试框图

图3-4 系统灵敏度测试框图

3. 测试步骤

接收机灵敏度测试步骤如下：

（1）雷达对抗装备与测试设备按图3-3进行连接，系统的输入端口与信号源输出端口通过电缆（该电缆使用前需用矢量网络仪测量所需频段的插损）进行相连，并将系统与仪器加电预热至正常工作状态；

（2）设置系统为信号接收模式。信号源设置为内部脉冲调制方式，设置脉宽和重复周期，信号频率设置为起始频率 f_i；

（3）将信号源的功率设置到最小使系统无法正常地接收到信号，然后逐渐提高信号源功率，直至观察到系统刚好可以正常接收到信号，从信号源上读出功率值，并记录此时的信号功率 P_{min1}；

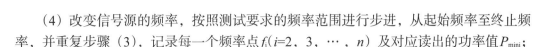

（4）改变信号源的频率，按照测试要求的频率范围进行步进，从起始频率至终止频率，并重复步骤（3），记录每一个频率点f_i（i=2，3，$\cdots$，n）及对应读出的功率值P_{mini}；

（5）对所测项目进行数据处理，按照以下公式计算所测频率点f_k的接收机灵敏度P_i：

$$P_i = P_{\text{mini}} - L_i$$

式中：

P_i——测试频率点对应的接收机灵敏度，单位：dBm；

P_{mini}——测试频率点对应的信号源的功率值，单位：dBm；

L_i——测试频率点对应的电缆插入损耗，单位：dB。

（6）各频率点的接收机灵敏度如满足指标要求，则接收机灵敏度合格。

系统灵敏度测试步骤如下：

（1）如图3-4所示，信号源输出的信号通过功率放大后与发射天线进行连接，系统通过接收天线获取信号。发射天线与接收天线的高度应保持接近以保证发射天线的主波束可以对准接收天线。将系统与仪器加电预热至正常工作状态；

（2）使用测距仪器测量接收天线与发射天线的距离R；

（3）设置系统为信号接收模式。信号源设置为内部脉冲调制方式，设置脉宽和重复周期，信号频率设置为起始频率f_1；

（4）将信号源的功率设置到最小，使系统无法正常地接收到信号，然后逐渐提高信号源功率，直至观察到系统刚好可以正常接收信号，从信号源上读出功率值，并记录此时的信号功率P_{min1}；

（5）改变信号源的频率，按照测试要求的频率范围进行步进，从起始频率至终止频率，并重复步骤（4），记录每一个频率点f_i（i=2，3，$\cdots$，n）及对应读出的功率值P_{mini}；

（6）对所测项目进行数据处理，按照以下公式计算所测频率点f_k的系统灵敏度P_i：

$$P_i = P_{\text{mini}} + G_{pi} + G_{fi} - L_{fi} - L_g - L_i$$

式中：

P_i——测试频率点对应的系统灵敏度，单位：dBm；

P_{mini}——测试频率点对应的信号源的功率值，单位：dBm；

G_{pi}——测试频率点对应的功放增益，单位：dB；

G_{fi}——测试频率点对应的发射天线的增益，单位：dB；

L_{fi}——测试频率点的空间衰减，单位：dB；

L_g——系统极化损失，单位：dB，如：系统天线采用45度斜极化，而发射天线采用垂直极化或水平极化，需计入3 dB极化损失；

L_i——测试频率点对应的发射端电缆插入损耗，单位：dB。

（7）按照以下公式计算出空间衰减的L_{fk}的大小：

$$L_{fi} = 20 \times \lg（4\pi R/\lambda）$$

即：$L_{fi} = -27.56 + 20 \times \lg f + 20 \times \lg R$

式中：

L_{fi}——测试频率点的空间衰减，单位：dB；

R——发射天线与接收天线的距离，单位：m；

λ——测试频率点的波长，单位：m；

f——测试频率点的频率，单位：MHz；

⑧各频率点的系统灵敏度如满足指标要求，则系统灵敏度测试合格。

3.4.2 动态范围测试

1.测试说明

由于动态范围测试通常对信号发射端的输出功率上限有要求，所以一般不开展系统动态范围测试，常通过测试接收机动态范围来转化计算，即采用注入式测试。

接收机动态范围测试是测试系统在指定的工作频段能正确输出被测信号参数时，所允许的输入信号功率的最大变化范围，其下限是接收机的灵敏度，其上限通常是系统正常工作时接收机收到的最大功率。动态范围测试的单位为dB。

2.测试框图

接收机动态范围测试框图如图3-5所示。

图3-5 接收机动态范围测试框图

3.测试步骤

（1）雷达对抗装备与测试设备按图3-5进行连接，系统的输入端口与信号源输出端口通过电缆（该电缆使用前需用矢量网络仪测量所需频段的插损）进行相连，并将系统与仪器加电预热至正常工作状态；

（2）按照接收机灵敏度测试步骤（2）和（3），测得频率点f_1的接收机灵敏度时信号源输出功率$P_{\min 1}$；

（3）增大微波信号源的输出功率，使系统的输入功率下限$P_{\min 1}$逐渐增加直到系统工作不正常或指标要求规定的输入功率最大值，再逐渐减小信号源输出功率直到系统刚好工作正常，记录此时的信号源输出功率$P_{\max 1}$；

（4）改变信号源的频率，按照测试要求的频率范围进行步进，从起始频率至终止频率，并重复步骤（2）和（3），记录每一个频率点f_i（$i=2$，3，…，n）及对应读出的功率值$P_{\min i}$和$P_{\max i}$；

（5）对所测项目进行数据处理，按照以下公式计算，即为该装备在指定工作频段的动态范围：

$$D_i = P_{\max i} - P_{\min i}$$

式中：

D_i——动态范围，单位：dB；

$P_{\max i}$——饱和时信号源输出功率，单位：dBm；

P_{mini} ——灵敏度时信号源输出功率，单位： dBm。

（6）各频率点的系统动态范围如满足指标要求，则接收系统动态范围测试合格。

3.4.3　系统测频误差测试

1. 测试说明

系统测频误差测试是测试雷达对抗装备在指定的工作频段中，测试信号频率的真实值与装备测量值之差，测频误差通常以均方根值表示，单位为MHz。

2. 测试框图

系统测频误差测试框图如图3-6所示。

图3-6　系统测频误差测试框图

3. 测试步骤

（1）雷达对抗装备与测试设备按图3-6进行连接，将系统与仪器加电预热至正常工作状态；

（2）设置系统为信号接收模式。信号源设置为连续波或内部脉冲调制方式，设置脉宽和重复周期，信号频率设置为起始频率f_1；

（3）设置信号源的输出功率，使接收机口面信号功率高于接收机灵敏度6dB，并在其动态范围之内；

（4）记录信号源设置频率值f_1和系统测量的频率实测值f_{d1}；

（5）改变信号源的频率，按照测试要求的频率范围进行步进，从起始频率至终止频率，重复步骤（3）和（4），记录每一个频率点f_i（$i=2,3,\cdots,n$）及对应读出的f_{di}；

（6）对所测项目进行数据处理，按照以下公式计算均方根，即为该设备在指定工作频段的测频误差：

$$\sigma_f = \sqrt{\sum_{i=1}^{n}(f_i - f_{di})^2/n}$$

式中：

σ_f——测频误差，单位：MHz；

f_i——第i个频点时频率真实值，单位：MHz；

f_{di}——第i个频点时频率测量值，单位：MHz；

n——测量点数。

（7）计算得出的σ_f如满足指标要求，则系统测频误差合格。

3.4.4　系统测向误差测试

1. 测试说明

系统测向误差是系统在指定的工作频段和额定的覆盖范围内，被测辐射源（目标）

的真实方位值与系统测量值之差。本项目采用辐射式测试方法，在远场、无遮挡的开阔场地进行测试。当系统具有测俯仰角能力时，测向误差还应包括测俯仰角误差，本节仅以方位角误差为例进行说明。测向误差通常以均方根值表示。

系统测向误差测试需要改变辐射源和被测系统的相对位置，当雷达对抗装备安装到武器平台上时，位置不易移动，通常只能改变辐射源的位置，也就是辐射源围着装备转，通过全站仪等空间位置测量仪器可以测量并计算出辐射源相对被测系统的真实方位。该方法较为复杂，通常在用户现场进行测试时使用。多数情况下，系统测向误差测试是将被测系统的接收天线阵或天线分系统安装在可以旋转的转台上，通过转台的转动模拟辐射源的相对运动，由于转台的转动角度控制精度较高，该方法的测试误差较小；同时，由于辐射源相对测试场地静止不动，也极大减小了其他背景反射信号对测试的影响。

2. 测试框图

系统测向误差测试框图如图3-7所示。

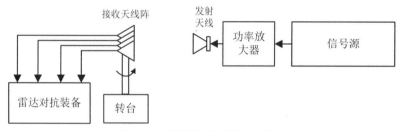

图3-7　系统测向误差测试框图

3. 测试步骤

（1）雷达对抗装备与测试设备按图3-7进行连接，接收天线阵或天线分系统安装在转台上。检查转台旋转中心与系统的接收天线阵中心的同轴度，调整设备在转台上面的安装位置，保证上述两中心的偏差所引起的系统误差降低至最小；

（2）进行转台方位值零度的标定。利用经纬仪调整发射天线的位置，使转台旋转中心、系统接收天线的方位零度标志点和目标发射天线中心三点成同一直线，并将此时的转台读数在转台位置指示器置为零度；

（3）安装完毕后将系统与仪器加电预热至正常工作状态；

（4）在指定的工作频段和系统规定的覆盖范围内以均匀取数的原则或相关规范规定，分别选取包含频段中最高和最低的两个端点频率在内的m个频率抽样点和n个方位角抽样点（一般m不少于20，n不少于30）；

（5）设置系统为信号接收模式，信号源设置为连续波或内部脉冲调制方式，设置信号源的输出功率，使接收机口面信号功率高于接收机灵敏度10 dB，并在其动态范围之内；

（6）转动转台进行测试，在不同方位角抽样点和不同频率抽样点上，从转台位置指示器和系统的测向值中读取各个抽样点的方位角真实值B_{sij}，方位角测量值B_{dij}；

（7）重复（6）步骤，直到所有规定的抽样点测量完毕；

（8）对所测项目进行数据处理，按照以下公式计算均方根，即为该设备在指定工作频段的测向误差；

（9）按照以下公式计算所测测向误差 P_i：

$$\sigma_b = \sqrt{\left.\sum_{i=1}^{m}\sum_{j=1}^{n}\left(B_{sij} - B_{dij}\right)^2 \middle/ (m \times n)\right.}$$

式中：

σ_b——测向误差，单位：（°）；

B_{sij}——第 j 个方位抽样点时第 i 个频率抽样点的方位真实值，单位：（°）；

B_{dij}——第 j 个方位抽样点时第 i 个频率抽样点的方位测量值，单位：（°）；

m——频率抽样点数；

n——方位角抽样点数；

（10）计算得出的 σ_b 如满足指标要求，则接收系统测向误差测试合格。

3.4.5 脉冲信号测量能力测试

1. 测试说明

脉冲信号测量能力是指被测系统对雷达脉冲调制信号的脉冲宽度、脉冲重复周期和脉内调制参数的测量能力。脉内调制参数通常包括脉内调频信号的频率宽度、脉内调相信号的相位编码等等。这几项测试的方法和步骤基本相同，都是通过信号源或雷达信号模拟器产生相应的脉冲调制信号注入被测系统，采集被测系统上报的数据进行比对得出测试结论。本节仅以脉冲宽度测量能力的测试为例进行详细说明，其他的脉冲参数测试可作类比参考。

脉冲宽度测量能力主要是对脉冲宽度测量范围和脉冲宽度测量误差的测试，两项测试可以结合进行，脉冲宽度测量误差测试时通常要选取脉冲宽度测量范围的上、下限边界点。当边界点的测量误差满足要求时，脉冲宽度测量范围也满足要求。

2. 测试框图

脉冲宽度测量能力测试框图如图3-8所示。

图3-8　脉冲宽度测量能力测试框图

3. 测试步骤

（1）雷达对抗装备与测试设备按图3-8进行连接，将系统与仪器加电预热至正常工作状态；

（2）设置系统为信号接收模式。信号源设置为内部脉冲调制方式，信号频率设置为频率覆盖范围内任一值 f_0，脉冲宽度设置为起始值 PW_{z1}，脉冲重复周期设置为 PRI_{z1}，并保证一定的占空比（通常为1%～0.1%）；

（3）设置信号源的输出功率，使接收机口面信号功率高于接收机灵敏度6dB，并在其动态范围之内；

（4）记录信号源设置的脉冲宽度值PW_{z1}和系统测量的脉冲宽度实测值PW_{c1}；

（5）改变信号源的脉冲宽度，按照测试要求的范围进行步进，从起始脉冲宽度至终止脉冲宽度，为保证占空比，脉冲重复周期相应进行变化，重复步骤（4），记录每一个脉冲宽度设置值PW_{zi}（$i=2$，3，$\cdots$，n）及对应读出的实测值PW_{ci}；

（6）对所测项目进行数据处理，脉冲宽度测量误差用绝对值表示，按下式计算系统第i个脉宽时脉冲宽度测量误差：

$$\Delta PW_i = |PW_{ci} - PW_{zi}|$$

式中：

ΔPW_i——第i个脉宽时脉冲宽度测量误差，单位：μs；

PW_{ci}——第i个脉宽时测量脉冲宽度值，单位：μs；

PW_{zi}——信号源第i个输出信号脉宽值，单位：μs；

i——脉冲宽度测量点数。

（7）各点的脉冲宽度测量误差满足指标要求，则脉冲宽度测量能力测试合格。

3.4.6 频率复制误差测试

1. 测试说明
频率复制误差指雷达对抗设备产生的干扰信号与输入雷达信号的频率差值，通常以均方根值表示，单位为Hz。

2. 测试框图
频率复制误差测试框图如图3-9所示。

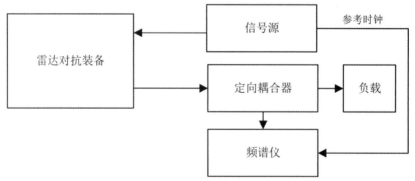

图3-9 频率复制误差测试框图

3. 测试步骤
（1）雷达对抗装备与测试设备按图3-9进行连接，注意频谱仪和信号源采用相同的参考时钟，将系统与仪器加电预热至正常工作状态；

（2）设置系统为转发干扰模式。信号源设置为连续波或内部脉冲调制方式，信号频率设置为起始频率f_1；

（3）设置信号源的输出功率，使接收机口面信号功率高于接收机灵敏度6dB，并在其动态范围之内；

（4）记录信号源设置频率值f_1和频谱仪的频率测量值f_{d1}；

（5）改变信号源的频率，按照测试要求的频率范围进行步进，从起始频率至终止频率，重复步骤（3）和（4），记录每一个频率点f_i（$i=2, 3, \cdots, n$）及f_{di}；

（6）对所测项目进行数据处理，按照以下公式计算均方根，即为该设备在指定工作频段的频率复制误差：

$$\sigma_f = \sqrt{\sum_{i=1}^{n}(f_i - f_{di})^2/n}$$

式中：

σ_f——频率复制误差，单位：Hz；

f_i——第i个频点信号源指示频率值，单位：Hz；

f_{di}——第i个频点频谱仪测量频率值，单位：Hz；

n——测量点数。

（7）计算得出的σ_f如满足指标要求，则频率复制误差测试合格。

3.4.7 等效辐射功率测试

1. 测试说明

等效辐射功率指雷达对抗装备发射天线对外辐射的等效功率，采用辐射式测试，在远场条件下进行。本项目测试需要考虑测试场地的要求和对测试人员的防护，以及接收天线的增益和空间辐射的功率衰减。等效辐射功率测试的单位为 dBm 或 W。

天线增益定量地描述了一个天线把输入功率集中辐射的程度，例如一个100 W的发射机连接到增益为6 dBi的天线上，计算出等效辐射功率是400 W。这里并不是说发射机馈给天线的功率增加了，而是说如果采用的是理想的全向天线，在该方向上达到相同的辐射效果，需要的等效输入功率是400 W。需要特别说明，有源相控阵雷达的功率合成方式为空间合成，按电场强度和磁场强度叠加，即等效辐射功率随阵元数量增加呈平方倍增大。例如一个相控阵包含100个功率为1 W的辐射阵元，其理论的等效辐射功率可以达到10000 W，但这并不违背能量守恒定律，合成的波束宽度会变窄，能量更加集中，总能量保持不变。在工程应用中，由于存在各种类型的损耗及受到合成效率的约束，实际测得的等效辐射功率往往小于理论值。

当雷达对抗装备使用单通道发射机时，等效辐射功率测试也可采用发射机输出功率测试和发射天线增益测试来代替，发射机输出功率测试采用注入式测试，测试方法简单可靠，测试误差小，实际工程中经常使用。

2. 测试框图

等效辐射功率测试框图如图3-10所示。

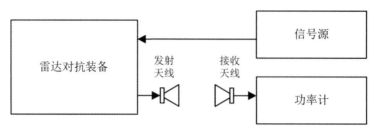

图 3-10　等效辐射功率测试框图

3. 测试步骤

（1）如图 3-10 所示，信号源输出的信号通过射频电缆和系统输入端口连接，使用信号源模拟雷达信号注入雷达对抗装备引导干扰。系统发射天线与接收天线的高度应保持接近以保证发射天线的主波束可以对准接收天线。将系统与仪器加电预热至正常工作状态；

（2）使用测距仪器测量接收天线与发射天线的距离 R；

（3）设置系统为连续波干扰输出模式。信号源设置为内部脉冲调制方式，信号频率设置为起始频率 f_i；

（4）设置信号源的输出功率，使接收机口面信号功率高于接收机灵敏度 6dB，并在其动态范围之内，控制被测系统输出干扰信号，记录功率计上的功率值 P_1；

（5）改变信号源的频率，按照测试要求的频率范围进行步进，从起始频率至终止频率，并重复步骤（4），记录每一个频率点 f_i（$i=2，3，\cdots，n$）及对应读出的功率值 P_i；

（6）对所测项目进行数据处理，按照以下公式计算所测频率点 f_i 的等效辐射功率 ERP_i：

$$ERP_i = P_i + L_i - G_{fi} + L_{fi} + L_g$$

式中：

ERP_i——测试频率点对应的等效辐射功率，单位：dBm；

P_i——测试频率点对应的功率计读数，单位：dBm；

L_i——测试频率点对应的接收端电缆插入损耗，单位：dB；

G_{fi}——测试频率点对应的接收天线的增益，单位：dB；

L_{fi}——测试频率点的空间衰减，单位：dB；

L_g——系统极化损失，单位：dB，如：系统天线采用45度斜极化，而发射天线采用垂直极化或水平极化，需计入 3 dB 极化损失。

（7）按照以下公式计算出空间衰减的 L_{fk} 的大小：

$$L_{fi} = 20 \times \lg（4\pi R/\lambda）$$

即：$L_{fi} = -27.56 + 20 \times \lg f_i + 20 \times \lg（R）$

式中：

L_{fi}——测试频率点的空间衰减，单位：dB；

R——发射天线与接收天线的距离，单位：m；

λ——测试频率点的波长，单位：m；

f_i——测试频率点的频率，单位：MHz；

（8）各频率点的等效辐射功率如满足指标要求，则等效辐射功率测试合格。

3.4.8　干扰样式测试

1. 测试说明

干扰样式是指雷达对抗装备发射的干扰信号的样式，通常采用注入式测试，干扰样式的测试和下一章信号处理分系统的测试有部分重合，本节只介绍通用的测试方法，具体测试细节可参考下一章。

2. 测试框图

干扰样式测试框图如图3-11所示。

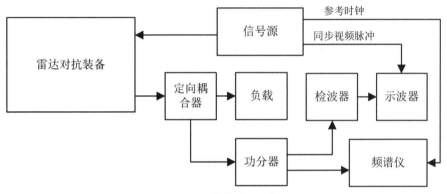

图3-11　干扰样式测试框图

3. 测试步骤

（1）雷达对抗装备与测试设备按图3-11进行连接，频谱仪和信号源采用相同的参考时钟，被测系统输出的大功率干扰信号通过定向耦合器和功分器后分为两个支路，一路通过检波器转换为视频脉冲信号接示波器测量，一路接频谱仪测量；

（2）设置信号源为内部脉冲调制方式，设置频率、脉宽和重复周期，设置信号输出功率，使接收机口面信号功率高于接收机灵敏度6dB，并在其动态范围之内；

（3）设置系统为干扰模式，控制系统输出某一种样式的干扰信号，到检波器的输入功率应控制到小于其允许最大输入功率6dB；

（4）在频谱仪上观测并记录频谱调制特性，在示波器上观测并记录干扰调制波形，根据干扰样式的特征参数判断观察到的干扰样式是否符合要求；

（5）依次变换各种干扰样式，重复（4）完成测试。

3.4.9　干扰反应时间测试

1. 测试说明

干扰反应时间指从雷达信号到达雷达对抗装备接收机输入端开始，直到干扰发射机输出满足要求的干扰信号为止所需的时间。

2. 测试框图

干扰反应时间测试框图如图3-12所示。

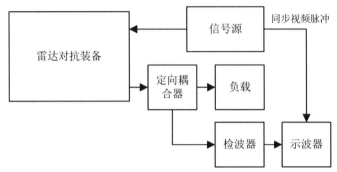

图3-12　干扰反应时间测试框图

3. 测试步骤

（1）雷达对抗装备与测试设备按图3-12进行连接，信号源输出的信号接雷达对抗装备接收机端口，信号源输出的同步视频脉冲信号作为示波器触发信号；

（2）设置信号源为内部脉冲调制方式，设置频率、脉宽和重复周期，设置信号输出功率，使接收机口面信号功率高于接收机灵敏度6dB，并在其动态范围之内；

（3）设置系统为干扰模式，控制系统输出某一种样式的干扰信号，到检波器的输入功率应控制到小于其允许最大输入功率6dB；

（4）设置示波器的时基足够大，以能够在屏幕上完全显示所测的干扰反应时间，示波器设为单次触发，打开信号源输出，测试干扰信号第一个脉冲与信号源第一个脉冲的前沿时间差，即为干扰反应时间；

（5）测得的时间差如满足指标要求，则干扰反应时间测试合格。

4

雷达对抗装备的分机测试

分机测试（分系统测试）是针对雷达对抗装备各分系统的具体性能开展的测试。分系统测试是将分系统从整机上完整地取下来进行单独隔离，在内场进行的离线测试。测试过程中使用仪器设备进行单独供电，提供工作环境和信号环境。由于不同雷达对抗装备的系统组成存在差异性，本章只选取雷达对抗装备中天线分系统、射频/微波分系统和信号处理分系统这三个典型分系统进行介绍；同时为了在有限的篇幅内突出实用性与普遍性，本章只精选影响雷达对抗装备效能发挥的主要性能参数开展讨论，介绍其常用测量方法。

天线分系统负责接收敌方雷达信号和发射干扰信号；射频/微波分系统负责对接收的信号进行放大解调处理，并送至信号处理分系统，根据指令要求生成干扰信号，供天线发射；信号处理分系统负责对接收的信号进行处理和识别，根据识别结果选择干扰的形式与样式。三个分系统共同作用，完成对敌方雷达信号的接收、处理分析及干扰。

4.1 天线分系统测试

4.1.1 概述

天线是雷达对抗装备的重要组成部分，其性能参数的优劣与装备的作战能力密切相关。一方面，天线为敌方雷达信号的接收和己方干扰信号的发射提供增益和方向性；另一方面，通过对天线的增益图、扫描特性进行描绘，可以识别雷达信号的基本信息，并为欺骗干扰措施的实现奠定基础。

4.1.1.1 天线的工作原理

天线是一种变换器，它把在线上传播的导行电磁波，即导线上的电磁波，变换成在自由空间中传播的电磁波，或者进行相反的变换，是在无线电设备中用来发射或接收电磁波的部件。无线电通信、广播、电视、雷达、导航、电子对抗、遥感、射电天文等利用电磁波来传递信息的系统，都要依靠天线才能进行工作。天线一般都具有可逆性，即同一副天线既可用作发射天线，也可用作接收天线。发射机通过馈线送入天线的并不是无线电波，接收天线也不能直接把无线电波送入接收机，这里有一个能量的转换过程，即把发射机所产生的高频振荡电流经馈线送入天线输入端，天线要把高频电流转换为空间高频电磁波，以波的形式向周围空间辐射。反之在接收时，也是通过接收天线把截获的高频电磁波的能量转换成高频电流的能量后，再送给接收机。显然这里有一个转换效率问题，天线增益越高，则转换效率就越高，如图4-1所示。

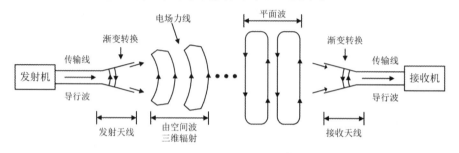

图4-1　电磁波在空间中的传递

电磁波在空间传播时，其电场方向是按一定的规律而变化的，这种现象称为极化，其定义为电波行进中电场矢量的方向。一般可以分为线极化（垂直、水平）、圆极化等方式，如图4-2所示。

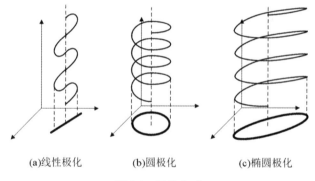

(a)线性极化　　　　(b)圆极化　　　　(c)椭圆极化

图4-2　极化方式

极化对接收信号和发射信号有着直接的影响：线性极化和椭圆极化的接收天线敏感度高，但这二者只能接收投影方向上的分量，即可以完全接收极化方向相同的信号，接收部分极化方向呈锐角夹角的信号，无法接收极化方向与其垂直的信号，如图4-3所示。对于圆极化的接收天线，因为其在不同方向上电磁波的投影都是一样的，所以可以接收各种极化方向的信号，但其敏感度较低。发射天线的极化方向需要考虑到地形的因素，垂直极化电磁波更加易于穿过起伏不平的地貌，而水平极化电磁波则更适用于穿过平坦的地形。

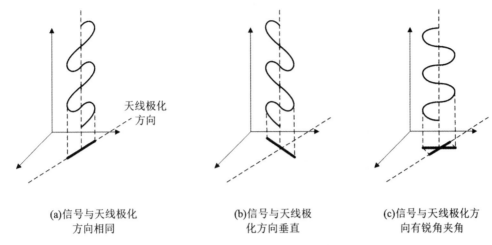

(a)信号与天线极化
方向相同

(b)信号与天线极
化方向垂直

(c)信号与天线极化方
向有锐角夹角

图4-3　线性极化不同方向的接收信号

在作战中，系统先根据侦察测定的信号轴比和倾斜角，建立信号的投影模型，再比对极化数据库，来识别该信号的极化方式。极化数据库如图4-4所示。

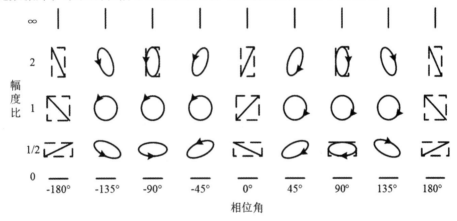

图4-4　极化数据库

由于天线周围的辐射电磁场分布并不是均匀的，即对于从不同方向传来的雷达信号来说，天线的接收效果和接收能力是不同的；在向外辐射信号时，天线向不同方向辐射信号的能力也是不同的。为了直观地描绘天线的这种方向性能力，常用天线的方向图进行表征。

若描述的是空间各点场强的相对大小，则称为相对场强方向图；若描述的是空间各点功率相对大小，则称为相对功率方向图。方向图中场强或功率强度的大小通常采用分贝数dB表示。显然，不论场强方向图还是功率方向图都是立体图形。完整的方向图是一个三维的空间图形，它是以天线相位中心为球心（坐标原点），在半径r足够大的球面上，逐点测定其辐射特性绘制而成。在实际工作中，为了简化三维图形，通常采用最大辐射方向两个互相垂直的平面方向图来表示，即方位面（水平平面）方向图和俯仰面

（垂直平面）方向图，如图4-5所示。对于相控阵天线，方向图通常分为和波束方向图和差波束方向图。

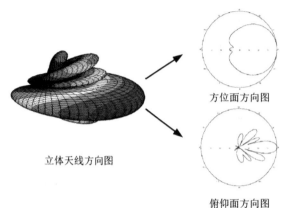

立体天线方向图

方位面方向图

俯仰面方向图

图4-5　天线的方向图

由于方向图呈花瓣状，因而通常又称为波瓣图，最大辐射方向的波瓣称为主瓣。同主瓣方向相反的波瓣称为尾瓣（背瓣或后瓣），其余方向的波瓣称为副瓣（或旁瓣），如图4-6所示。

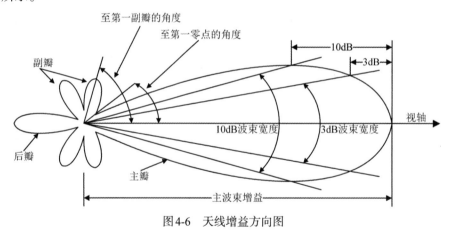

图4-6　天线增益方向图

4.1.1.2　几种常见的天线

为了使读者更清楚地理解各类常见天线的不同之处，本小节简要总结了用于雷达对抗装备的各类天线的参数，其内容如图4-7所示。

天线类型	方向图	典型指标	天线类型	方向图	典型指标
偶极子	EI / Az	极化：垂直 波束宽度：80°×360° 增益：2dB 带宽：10% 频率范围：0~微波	对数周期	EI / Az	极化：垂直或水平 波束宽度：80°×60° 增益：6~8dB 带宽：10比1 频率范围：HF~微波
双锥	EI / Az	极化：垂直 波束宽度：20°×100°×360° 增益：0~4dB 带宽：4比1 频率范围：UHF~毫米波	背腔螺旋	EI&Az	极化：右&左旋圆 波束宽度：60°×60° 增益：-15dB(f_{min}) +3dB(f_{max}) 带宽：9比1 频率范围：微波
环形	EI / Az	极化：水平 波束宽度：80°×360° 增益：-2dB 带宽：10% 频率范围：HF~UHF	锥螺旋	EI&Az	极化：圆 波束宽度：60°×60° 增益：5~8dB 带宽：4比1 频率范围：UHF~微波
法向模螺旋	EI / Az	极化：水平 波束宽度：45°×360° 增益：0dB 带宽：10% 频率范围：0~微波	喇叭	EI / Az	极化：线 波束宽度：40°×40° 增益：5~10dB 带宽：4比1 频率范围：VHF~毫米波
轴向模螺旋	EI&Az	极化：圆 波束宽度：50°×50° 增益：10dB 带宽：70% 频率范围：UHF~低微波	抛物面	EI&Az	极化：取决于馈源 波束宽度：0.5°×30° 增益：10~55dB 频率范围：UHF~微波
八木	EI / Az	极化：水平 波束宽度：90°×50° 增益：5~15dB 带宽：5% 频率范围：VHF~UHF	相控阵	EI / Az	极化：取决于阵元 波束宽度：0.5°×30° 增益：10~40dB 带宽：取决于阵元 频率范围：VHF~微波

图4-7　各类天线参数图

图4-7中，就每一类天线而言，第一栏给出了天线的物理特性图，第二栏给出了该类天线大概的俯仰面和方位面的方向图（特定天线的实际方向图将由其设计所决定），第三栏汇总了期望获得的典型指标，之所以称其为典型指标，是因为天线的指标参数范围可能非常广。以频率范围为例，从理论上讲，每个天线在全频带都适用，但由于实际中要考虑体积、安装以及合适的使用，这就导致了特定天线类型适用于"典型"频率范围。图中EI指的是俯仰面的方向图，Az指的是方位面的方向图。

4.1.2　天线测试场

天线测试场是由满足天线辐射特性测试要求的仪表设备和物理空间构成的试验场地。由于天线是电磁开放系统，测试环境对测量结果将产生很大影响，因此，必须合理选择场地，尽量实现无干扰的测试环境。

建设天线测试场基本步骤有：

（1）根据天线波长，遵循最小测试距离的原则，选取适合的测试场。

（2）准备测量仪器和设备，如：网络分析仪、信号发生器、频谱仪和传输线等通用设备，以及转台等专用设备。（转台是指一种特有的天线测试辅助工具，一般可分为一轴转台、二轴转台等）

（3）地面及环境影响的考虑。

天线测试场的建设对场地和设备都有较高要求，需要投入大量物力和财力。

天线测试方法按场地划分有远场测试、紧缩场测试、近场测试。天线远场测试技术是最早出现并发展成熟的，但由于其对测试场地和电磁环境的特殊要求，测试较为不便，因此采用以下两种方式进行改进，一是用紧缩场产生平面波来模拟无限长度的场地，二是用近场测试代替远场测试。

典型的远场测试场包括等架高测试场、斜式测试场和地面反射测试场等，典型的近场包括平面近场测试场、柱面近场测试场和球面近场测试场等。本章讨论的天线测试场主要是等架高测试场、斜式测试场和近场测试场。

4.1.2.1 等架高测试场

指被测天线和辅助天线架设在同一高度的天线测试场，如图4-8所示。

测试距离一般满足：

$$R \geqslant \frac{K(D+d)^2}{\lambda}$$

式中：

R——测试距离，单位：m；

K——根据被测天线副瓣电平等性能及测试精度要求而定的系数，一般取$K \geqslant 2$；

D——被测天线口径（等效口径）的最大线尺寸，单位：m；

d——辅助天线口径（等效口径）的最大线尺寸，单位：m；

λ——工作波长，单位：m。

被测天线和辅助天线的架设高度应相同。架设高度一般满足：

$$H = h \geqslant 4D_1$$

式中：

H——被测天线相位中心（或视在相位中心）的架设高度，单位：m：

h——辅助天线相位中心（或视在相位中心）的架设高度，单位：m；

D_1——被测天线口径（等效口径）垂直面最大线尺寸，单位：m。

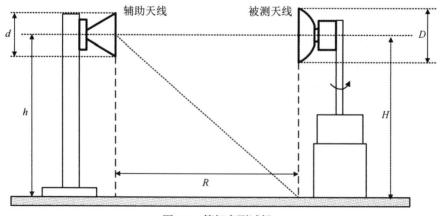

图4-8 等架高测试场

4.1.2.2 斜式测试场

斜式测试场指被测天线和辅助天线架设在不同高度的天线测试场。如图4-9所示，图中A点为几何反射点。

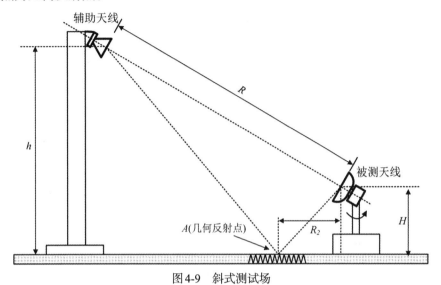

图4-9 斜式测试场

斜式测试场的环境要求及测试距离与等架高测试场一致，不同之处是对架设高度有不同要求，具体如下：

（1）被测天线架设在地面且架设高度与等架高测试场相同，若被测天线口径大而架设确有困难，可降低架设高度，但应采取措施削弱地面反射的影响；

（2）辅助天线应架设在高处，如高塔、山头或建筑物顶部。

4.1.2.3 近场测试场

近场测试是利用特性已知的探头天线，在距离被测天线的口面一定距离的某一表面上进行采样，得到被测天线近场幅度相位分布数据，通过数值变换获得天线远场性能的测试。

近场基本的测试坐标系有平面坐标系、柱面坐标系和球面坐标系，根据探头天线运动采样轨迹不同而分为平面近场、柱面近场和球面近场，如图4-10所示。

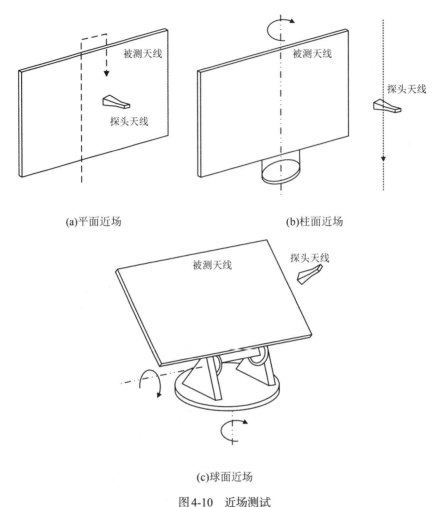

(a)平面近场　　　　　　　　　　　　　(b)柱面近场

(c)球面近场

图4-10　近场测试

根据被测天线测试需求，三种近场类型适用场合如下：

（1）平面近场一般适用于高增益笔形波束天线性能测试；

（2）柱面近场一般适用于扇形波束天线性能测试；

（3）球面近场一般适用于低增益宽波束天线性能测试。

4.1.3　主要指标测试方法

4.1.3.1　电压驻波比测试

1. 测试说明

在高频电路中，传输线上的电压呈现波动状，当阻抗不完全匹配时，入射波的一部分会被反射形成反射波。如图4-11所示，入射波和反射波是一对频率相同而方向相反的波，两者会形成"驻波"。电压驻波比就是描述入射波电压和反射波电压关系的参数，它可以从侧面反映出阻抗匹配的程度。

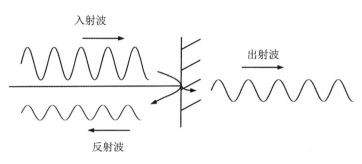

图4-11 电压驻波比示意图

驻波比是指传输线上最大电压与最小电压的模之比，记为 $VSWR$。一般通过反射系数计算：

$$VSWR = \frac{1 + |S_{11}|}{1 - |S_{11}|}$$

式中：

$VSWR$——电压驻波比；

$|S_{11}|$——反射系数。

关于 $|S_{11}|$ 的详细说明参见2.5节。驻波比等于1时，表示阻抗完全匹配，输入信号的能量完全转化为输出信号的能量，没有能量的反射损耗；驻波比为无穷大时，表示全反射，能量完全没有辐射出去。

2. 测试框图

天线电压驻波比测试框图如图4-12所示：

图4-12 天线电压驻波比测试框图

3. 测试步骤

（1）将被测天线与矢量网络分析仪按图4-12进行连接，将仪器加电预热至正常工作状态；

（2）将网络分析仪设定为被测天线工作频率；

（3）将网络分析仪的Meas设定为SXX，X为网络分析仪端口编号；

（4）将网络分析仪的Format设定为SWR；

（5）使用与网络分析仪配套的机械校准件或电子校准件对仪器端口进行校准；

（6）将被测天线接入网络分析仪的端口进行测试；

（7）存储或输出测试结果；

（8）VSWR的测试结果如满足指标要求，则电压驻波比测试合格。

4.1.3.2　天线方向图测试（仅介绍等架高测试场测试法）

1. 测试说明

天线方向图是衡量天线性能的重要图形，可从天线方向图中观察到天线的各项参数，因此有必要对天线开展方向图测试。

天线方向图的测试方法有很多，包括等架高测试场测量，斜式测试场测量、反射测试场测量、缩距测试场测量、人工运动源测量和平面扫描近场测量。这里仅针对等架高测试场，对其水平方向图和垂直方向图的测试步骤分别进行介绍。

2. 测试框图

天线方向图测试框图如图4-13所示：

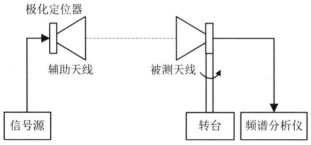

图4-13　天线方向图测试框图

3. 测试步骤

水平方向图测试步骤如下：

（1）按图4-13架设线极化辅助天线和被测天线，并连接远场测试系统仪表设备等；

（2）设置信号源的频率为待测频率，使被测天线与辅助天线的极化状态调制匹配，待信号源输出稳定后，调节转台控制装置使被测天线的主瓣最大值方向对准辅助天线（对准后认为是等高测量），在测量差方向图时，以差波瓣的零深点与辅助天线的主瓣最大值对准；

（3）采用旋转被测天线方式进行测试，辅助天线固定不动，被测天线在水平面内转动，记录接收到的信号；

（4）改变频率，重复步骤（3），测量并记录接收到的信号；

（5）对测试数据进行处理和画图，绘制的天线水平方向图如满足指标要求，则天线水平方向图测试合格。

垂直方向图测试步骤如下：

（1）将被测天线和辅助天线绕其轴线旋转90°，仍在水平面内测量；

（2）其余测试步骤同水平方向图。

4.1.3.3　天线极化轴比测试

1. 测试说明

天线极化轴比是圆极化天线的一个指标，为圆极化天线极化椭圆的长轴与短轴之比，用于衡量圆极化的圆润程度。测量天线极化轴比通常采用间接测量法，利用一个线极化辅助天线分别测量被测天线的两个正交极化的幅相值，通过矢量合成计算得到被测天线轴比。

2. 测试框图

天线极化轴比测试框图如图4-14所示：

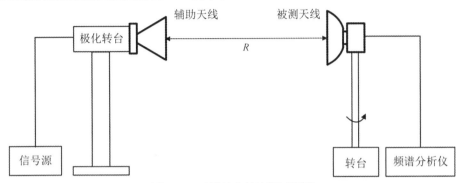

图4-14　天线极化轴比测试框图

3. 测试步骤

（1）按图4-14将辅助天线与被测天线架设在同等高度，并将辅助天线最大方向对准被测天线；

（2）按测量原理框图连接好设备，按规定顺序加电预热；

（3）调整辅助天线的极化为水平/垂直极化；

（4）设置工作频率与功率电平，不断调整扫描角度，绘制被测天线在该频率下的方向图；

（5）改变频率，重复绘制方向图，记录测试数据；

（6）被测天线状态不变，在辅助天线背后，面朝辅助天线发射方向，将辅助天线旋转90°安装，使得辅助天线的极化为之前调整极化方式的正交极化，重复（4）和(5)，记录数据；

（7）对记录的数据进行处理，获得各个角度上如图4-15所示的极化椭圆。

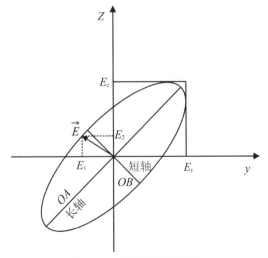

图4-15　极化椭圆示意图

则轴比的计算如下式：

$$AR = 20\lg\frac{OA}{OB}$$

式中：

AR——天线极化轴比，单位：dB；

OA——极化椭圆的长轴长度，单位：m；

OB——极化椭圆的短轴长度，单位：m。

（8）计算结果 AR 如满足指标要求，则天线极化轴比测试合格。

4.1.3.4 天线增益测试

1. 测试说明

增益是指在输入功率相等的条件下，实际天线与理想的辐射单元在空间同一点处所产生的信号的功率强度之比。天线增益并不意味着天线可以放大信号的功率，通常情况下，一个辐射源向外辐射信号呈发散状，而天线可以将这些发散的信号汇聚在空间的某一点，提升该点的功率强度；倘若不使用天线，则需要一个高功率的辐射源才能在该点达到同样的效果。增益就是一个描述提升能力的参数，它定量地描述了一个天线把输入功率集中辐射的程度，它与天线方向图有密切的关系，方向图主瓣越窄，副瓣越小，增益越高。

天线增益的测试方法有两种，一种是远场比较法，该方法适用于被测天线极化方式为线极化时天线增益的测试，一般选择符合远场测试条件的天线测试场并且满足标准增益天线、辅助天线、被测天线极化匹配；另一种是远场合成法，该方法适用于被测天线极化方式为圆极化或极化方式未知时天线总增益的测试。需要分别测试被测天线的垂直极化部分增益和水平极化部分增益，标准增益天线与辅助天线同样应该极化匹配。

2. 测试框图

天线增益测试远场比较法测试框图如图4-16所示，天线增益测试远场合成法测试框图如图4-17所示。

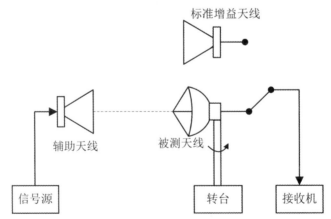

图4-16 天线增益测试远场比较法测试框图

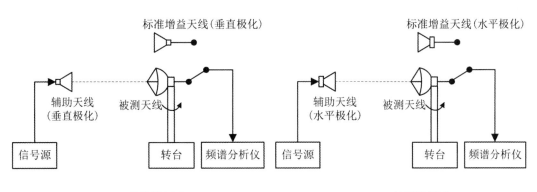

(a)G_{TV}比较法测试　　　　　　　　　(b)G_{TH}比较法测试

图4-17　天线增益测试远场合成法测试框图

3. 测试步骤

远场比较法测试步骤如下：

（1）按图4-16将辅助天线与被测天线架设在同等高度，并将辅助天线最大方向对准被测天线。设置辅助天线和被测天线为同等极化或被测天线要求的极化；

（2）按测量原理框图连接好设备，按规定顺序加电预热；

（3）按要求设置信号源频率、电平等相关参数，测出被测天线接收功率P_A；

（4）在同等条件下，用标准增益天线替换被测天线，重复步骤（3），测出标准增益天线接收功率P_B；

（5）根据测试需要，更改频率并调整辅助天线和被测天线的极化位置，重复步骤（3）、（4），直至完成；

（6）数据处理：

按照下式计算出被测天线的增益

$$G_{待测} = G_{标准} + P_{Amax} - P_{Bmax}$$

式中：

$G_{标准}$——标准增益天线的增益，单位：dBi；

$G_{待测}$——被测天线的增益，单位：dBi；

P_{Amax} —— 被测天线最大值方向的功率电平，单位： dBm；

P_{Bmax}——标准增益天线最大值方向的功率电平，单位： dBm。

（7）计算得出的$G_{待测}$如满足指标要求，则天线增益测试合格。

远场合成法测试步骤如下：

（1）如图4-17（a）所示，线极化标准增益天线和辅助天线均处于垂直极化状态，依据远场比较法测试步骤进行增益测试，并记录数据，计算被测天线的垂直极化部分增益G_{TV}；

（2）如图4-17（b），线极化标准增益天线和辅助天线极化旋转90°，均处于水平极化状态，保持被测天线极化状态不变，依据远场比较法测试步骤进行增益测试，并记录数据。计算被测天线的水平分量增益G_{TH}；

（3）数据处理：

计算天线总增益

$$G_A = 10\lg\left(10^{G_{TV}/10} + 10^{G_{TH}/10}\right)$$

式中：

G_A——被测天线的总增益，单位：dB；

G_{TV}——被测天线的垂直极化部分增益，单位：dB；

G_{TH}——被测天线的水平极化部分增益，单位：dB。

（4）计算得出的 G_A 如满足指标要求，则天线增益测试合格。

4.1.3.5 天线波束指向测试

1. 测试说明

天线波束指向是指由天线方向图某一种特征所确定的方向。对于和（单）波束，指天线方向图峰值点所确定的方向，一般取主瓣两侧–3 dB 两个等电平点对应角度的平均值；对于差波束，指天线方向图零值点所确定的方向，一般取零值点两侧与差波束峰值相差–15 dB ～ –20 dB 的两个等电平点对应角度的平均值。

天线波束的指向测量适用于一般天线和相控阵天线，都是在测量天线波束指向的方向角度。两者的区别在于：一般天线的波束指向是不可调的，相控阵天线的波束指向会随着天线移相器的改变而变动。

天线波束指向测试应准备精密的天线测试转台，能准确读出或指示出角度值；测试前应该进行标定，使被测天线口面法向与转台机械轴零位重合；一般选择符合远场测试条件的天线测试场。

2. 测试框图

天线波束指向测试框图如图4-18所示：

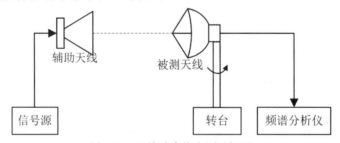

图4-18 天线波束指向测试框图

3. 测试步骤

和波束指向/单波束指向的测试步骤如下：

（1）按图4-18架设辅助天线和被测天线，并连接远场测试系统仪表设备等；

（2）调节转台定位装置及被测天线进行基准轴标定，使被测天线口面法向与转台机械轴零位重合；

（3）设置信号源的频率为待测频率，待信号源输出稳定后，转台匀速转动测试被测

天线方向图，得到主瓣最大值对应的角度值；

（4）在主瓣最大值对应角度两侧范围内得到等电平点（一般取 $-3\,\mathrm{dB}$ 点）对应的两个角度值 θ_1 和 θ_2；

（5）改变测试频率，重复上述步骤；

（6）按照下式计算和（单）波束指向

$$\theta_\Sigma = \frac{\theta_1 + \theta_2}{2}$$

式中：

θ_Σ——和波束指向，单位：(°)；

θ_1、θ_2——和（单）等电平点对应角度值，单位：(°)；

（7）计算所得的 θ_Σ 如满足指标要求，则天线和波束指向/单波束指向测试合格。

差波束指向的测试步骤如下：

（1）架设辅助天线和被测天线，并连接远场测试系统仪表设备等；

（2）调节转台定位装置及被测天线进行基准轴标定，使被测天线口面法向与转台机械轴零位重合；

（3）设置信号源的频率为待测频率，待信号输出稳定后，转台匀速转动测试被测天线方向图，得到差方向图零值点对应的角度值；

（4）在差方向图零值点对应角度两侧范围内得到等电平点（一般取与差波束峰值相差 $-15\,\mathrm{dB}\sim-20\,\mathrm{dB}$）对应的两个角度值，$a_1$ 和 a_2；

（5）改变测试频率，重复上述步骤；

（6）按照下式计算差波束指向

$$\theta_\Delta = \frac{a_1 + a_2}{2}$$

式中：

θ_Δ——差波束指向，单位：(°)；

a_1 和 a_2——差波束等电平点对应角度值，单位：(°)；

（7）计算所得的 θ_Δ 如满足指标要求，则天线差波束指向测试合格。

4.1.3.6 天线等效辐射功率测试

1. 测试说明

天线等效辐射功率是指天线增益与归算到天线口面的发射功率之积。

天线等效辐射功率的测量方法有两种，一种是间接法，该方法适用于被测天线增益和馈入被测天线的功率可单独测试时等效辐射功率的测试，一般选择符合远场测试条件的天线测试场。另一种是远场比较法，该方法适用于有源天线等效辐射功率的前端一体化测试；测试选用标准增益天线，其应与被测天线、辅助天线极化匹配；测试过程中应保证接收机工作于线性接收状态；一般选择符合远场测试条件的天线测试场。

2. 测试框图

间接法天线等效辐射功率测试框图如图4-19或图4-20所示，远场法天线等效辐射功率测试框图，如图4-21所示。

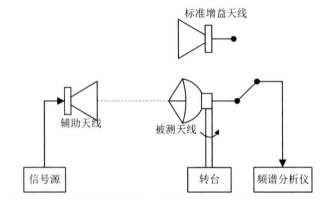

图4-19　间接法天线等效辐射功率测试（远场比较法）测试框图

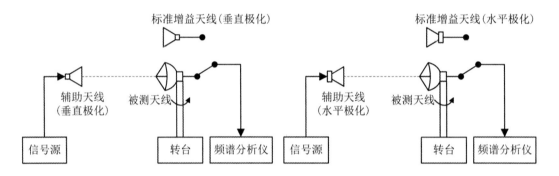

(a)G_{TV}比较法测试　　　　　　　　　　　　　(b)G_{TH}比较法测试

图4-20　间接法天线等效辐射功率测试（远场合成法）测试框图

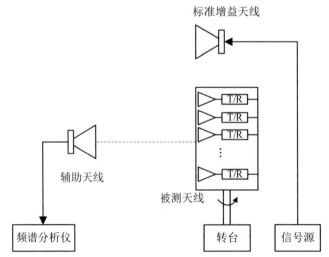

图4-21　远场比较法天线等效辐射功率测试框图

3. 测试步骤

间接法测试步骤如下：

（1）按图4-19或图4-20连接架设辅助天线和被测天线，并连接远场测试系统仪表设备等。依据天线增益测试方法，完成被测天线增益 G 的测试；

（2）利用功率测试仪表（如频谱仪或功率计等），完成馈入被测天线功率 P 的测试；

（3）利用下式计算被测天线的等效辐射功率：

$$EIRP = G + P$$

式中：

$EIRP$ ——被测天线的等效辐射功率，单位： dBm；

G ——被测天线的增益，单位：dB；

P ——馈入被测天线的功率，单位： dBm。

（4）计算所得的 $EIRP$ 如满足指标要求，则天线等效辐射功率测试合格。

远场比较法测试步骤如下：

（1）按图4-21架设辅助天线和被测天线，并连接远场测试系统设备等；

（2）调整被测天线和辅助天线，并保证两者电轴相互对准，且极化取向一致；

（3）设置测试频率为待测频率，被测天线正常工作处于发射状态，此时被测天线发射功率饱和输出；

（4）待测试系统状态稳定后，测出辅助天线接收功率 P_h；

（5）被测天线发射状态关闭，架设标准增益天线并连接信号源；

（6）调整标准增益天线，使其电轴对准辅助天线，且与辅助天线极化匹配，测出此时辅助天线接收功率 P_s；

（7）标定信号源馈给标准增益天线的发射功率（含连接馈线损耗）P_{in}；

（8）改变测试频率，重复上述步骤；

（9）依据下式计算被测天线的等效辐射功率：

$$EIRP = G_s + P_h - P_s + P_{in}$$

式中：

$EIRP$ ——被测天线的等效辐射功率，单位： dBm；

G_s ——标准增益天线的增益，单位：dB；

P_h ——被测天线发射时辅助天线的接收功率，单位： dBm；

P_s ——标准增益天线发射时辅助天线的接收功率，单位： dBm；

P_{in} ——信号源馈给标准增益天线的功率，单位： dBm。

（10）计算所得的 $EIRP$ 如满足指标要求，则天线等效辐射功率测试合格。

4.1.3.7 天线收发隔离度测试

1. 测试说明

天线的收发隔离度是指发射天线的发射功率电平与接收天线输入端的接收功率电平之比。分别测试馈给发射天线端口的功率电平，以及通过发射天线耦合到接收天线端口的功率电平，两者之差（以分贝数dB表示）即为收发隔离度。多端口天线各端口之间的隔离度可参照本方法进行测试，测试时要求对其中一个端口馈电，另一个端口接收，而其余端口应接匹配负载吸收；测试通常在室外无遮挡的开阔场地，应严格控制场地反射的影响；被测天线应安装在结构部件（如测试工装）规定位置上，保证位置关系与实际使用状态一致。

2. 测试框图

天线收发隔离度测试框图如图4-22所示：

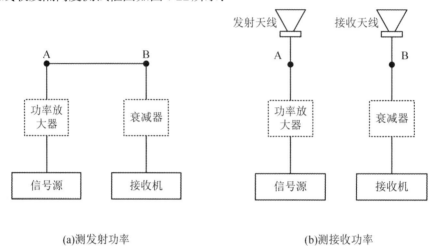

(a)测发射功率　　　　　　　　　　(b)测接收功率

图4-22　天线收发隔离度测试框图

3. 测试步骤

（1）如图4-22(a)所示，开机待仪表工作状态稳定后，调整信号源输出功率，将信号源输出端与频谱分析仪直接连接，记录馈给发射天线端口的功率电平P_T；

（2）保持测试条件不变，如图4-22(b)所示，将信号源输出端与发射天线馈电输入端直接连接，接收天线接收端与频谱分析仪直接连接，记录耦合到接收天线端口的功率电平P_R；

（3）根据下式计算被测天线的收发隔离度：

$$C_0 = P_T - P_R$$

式中：

C_0——收发隔离度，单位：dB；

P_T——馈给发射天线端口的功率电平，单位：dBm；

P_R——耦合到接收天线端口的功率电平，单位：dBm。

（4）计算所得的C_0如满足指标要求，则天线收发隔离度测试合格。

4.1.3.8　天线的功能检查

前面已经介绍过了，天线的常用的参数如驻波比、增益、方向图、波束指向等和天线的外形及物理尺寸关系较大，当天线外形没有发生明显的形变时，天线的这些指标通常都不会发生大的改变。在实际测量中，专用的天线测试场条件往往难以满足，为了确认天线工作是否正常，往往采用如下的简易方法。

1. 用一台天馈线测试仪或手持式网络分析仪测量天线的驻波。

2. 用信号源、频谱仪和一个测试天线搭建一个简易测试系统，以信号源作为发射机，频谱仪作为接收机，选择特定的频率进行测试，按前文的公式计算得出天线的增益。如果天线增益和历史数据比变化不大，则认为天线工作正常。

4.2　射频/微波分系统测试

4.2.1　概述

雷达对抗装备的射频/微波分系统主要包含信号接收类分机和干扰发射类分机，由于各类信号接收机和干扰发射机的对抗对象、任务需求、工作环境等存在较大差异，其组成、功能划分、结构形式等各不相同，但尽管如此，它们都是由各类共性的射频/微波组件组合而成的。因此，为了突出测试的基本概念和基础原理，本章对信号接收机和干扰发射机使用的主要组件及其主要指标测试方法进行介绍。

4.2.1.1　频率源

频率源是雷达对抗装备的基本信号来源，输出稳定的一个或一段频率信号，提供装备所需的发射激励、接收本振及时钟信号。主要包括间接合成频率源和直接合成频率源两类。

频率源主要技术指标包括输出频率、输出功率、频率精度、谐波抑制、杂散抑制、相位噪声、频率转换时间等。

4.2.1.2　干扰源

干扰源是雷达对抗装备的干扰信号来源，根据敌方雷达技术特征参数，产生干扰调制信号，破坏或削弱敌方雷达对目标的探测和跟踪能力。主要包括噪声干扰源与欺骗干扰源两类。

干扰源主要技术指标包括输出频率、输出功率、调频噪声带宽、频域调制、时域调制、距离调制、干扰响应时间等。

4.2.1.3　收发组件（T/R组件）

收发组件是能同时实现发射机和接收机两者功能的一种射频子系统。收/发组件的主要功能包括：接收/发射状态转换，对收发波束控制的相移，提供发射模式的放大和功率输出，对接收信号的低噪声放大等。

收发组件主要技术指标包括输出功率、增益、噪声系数、基底噪声、驻波比、衰减特性、移相特性、幅相一致性、收发转换时间等。

4.2.1.4 放大器

放大器通常用于雷达对抗装备中射频/微波信号的放大，通常可分为电子管功率放大器和固态功率放大器两大类。

放大器主要技术指标包括工作频率、饱和输出功率、增益、群时延、谐波抑制、驻波比、1 dB压缩点、互调抑制度、噪声系数等。

4.2.1.5 混频器

混频是把输入信号和一个较高功率的本地振荡器信号通过非线性器件实现频率的加减，产生若干新的频率信号，通常用于信号变频、信号检测、相位检测等。按所用混频器件，可分为二极管混频器、三极管混频器、参量混频器和集成混频器等；按构成电路形式，可分为平衡混频器和环形混频器。

混频器主要技术指标包括输入频率、输出频率、变频损耗、噪声系数、隔离度、动态范围、1 dB压缩点、交调抑制等。

4.2.1.6 滤波器

滤波器是一个两端口器件，一般利用通带匹配传递系统所需的信号能量，利用阻带失配反射（抑制）不需要的信号。它允许所需频率信号以最小可能的衰减通过，同时把不需要的频率信号衰减掉。滤波器有四种基本形式：低通、带通、带阻（也称带内抑制或陷波）和高通。按结构分有：LC滤波器、声表面波/体声波滤波器、螺旋滤波器、介质滤波器、梳状滤波器、高温超导滤波器、平面结构滤波器（微带线、带线、悬置带线）和波导滤波器等。

滤波器主要技术指标包括通带频率、通带插损、通带驻波比、带外抑制等。

4.2.1.7 衰减器

衰减器主要用于对通道的信号功率（电平）进行衰减，主要分为固定衰减器和可变衰减器。可变衰减器又分为模拟可调衰减器和数控衰减器。固定衰减器通常采用电阻实现，模拟可调衰减器通常采用PIN管实现，数控衰减器通常用开关来选择固定衰减器的不同衰减量。

衰减器主要技术指标包括工作频率、衰减步进、衰减范围、衰减精度、驻波比等。

4.2.1.8 倍频器

倍频器是通过器件的非线性作用，将一定功率的某一频率信号直接变换到该频率的2～N倍频率的信号，可以为雷达对抗装备提供所需的高频信号、本振信号等。

倍频器主要技术指标包括输入频率、输出频率、倍频损耗、输入激励功率、隔离度、杂散抑制等。

4.2.1.9 耦合器

耦合器是一种具有方向性的功率分配器件，通过耦合器将输入功率的一部分只传向某一端口，用来监视功率、频率、频谱。此外还可以用耦合器构成功率分配器和合路器，以及特殊的微波电路如平衡放大器、正交混频器等。

耦合器主要技术指标包括工作频率、驻波比、耦合度 C、隔离度 I、方向性 D（$D=I-C$，无需单独测试）等。

4.2.1.10　功分器

功分器就是将输入的信号按照一定的功率比例分配到各输出端口的一种器件。功分器被大量地用于雷达对抗装备中，并且能方便、准确地完成功率的分配、功率的检测、功率的监测、信号的取样等测试。功分器既可以用作功率分配也可以用作功率合成。

功分器主要技术指标包括工作频率、插入损耗、驻波比、分配路数、隔离度、幅相一致性、承受功率等。

4.2.1.11　均衡器

在雷达对抗装备中，在不同频率的情况下，传输线的损耗不同，同时各种器件本身存在一定的波动，而将这些器件级联后，产生的波动会更大，因此必须采用均衡技术加以补偿，即增加一个微波网络，使其传输特性与系统或单机、组件的传输特性相补偿，这个微波网络就是微波均衡器。

均衡器主要技术指标包括工作频率、插入损耗、驻波比、均衡量、线性度等。

4.2.1.12　限幅器

限幅器是一种用于对微波信号功率控制的重要器件，理想的限幅器在低的输入功率时没有衰减，但其衰减随着功率的增加（高于门限电平）而增加，直到保持输出功率为一常数。限幅器主要用于防止大功率信号直接进入接收机，烧毁灵敏的输入级放大器等有源器件，对接收机起一定的保护作用。

限幅器的主要技术指标包括工作频率、插入损耗、驻波比、限幅电平等。

4.2.1.13　检波对数视频放大器（DLVA）

检波对数视频放大器是一种输出电压（V）与输入信号的功率（dBm）成正比的器件，可以将相当大范围的射频功率压缩到小的视频电压范围，实现大动态范围的信号检测。

检波对数视频放大器主要技术指标包括工作频率、动态范围、对数斜率、对数精度、基底噪声、上升时间、建立时间、下降时间、恢复时间、驻波比等。

4.2.1.14　移相器

移相器是采用PIN二极管作为串联或并联开关来实现不同传输相位间的切换的一种两端口器件，其输出和输入信号之间的相位差可以被一个控制信号（直流偏置）所控制。移相器主要分为数字式移相器和模拟式移相器。

移相器主要技术指标包括工作频率、移相步进、移相范围、移相精度、驻波比等。

4.2.1.15 开关

开关是一种用于控制和引导信号在不同通路之间传输流向的器件。

开关主要技术指标包括工作频率、插入损耗、驻波比、隔离度、幅相一致性、承受功率、开关速度等。

4.2.2 主要指标测试方法

4.2.2.1 频率范围测试

1. 测试说明

频率范围是指分机/组件能稳定工作的频率的范围，通常用起止频率或中心频率和相对带宽来表示，单位为Hz、kHz、MHz、GHz。因为一台雷达对抗设备要对付许多雷达，所以一般对抗装备的工作频率至少是雷达工作频率的一个倍程，有的还更大。典型的分机/组件工作频率范围为（1～2）GHz、（2～4）GHz、（4～8）GHz、（8～18）GHz。各个分机/组件的测试方法略有不同，这里以放大器为例进行说明。

2. 测试框图

输出频率测试框图如图4-23所示：

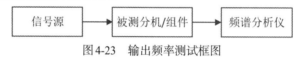

图4-23 输出频率测试框图

3. 测试步骤

（1）按图4-23将被测组件以及仪器和设备连接正确，并将组件与仪器加电预热至正常工作状态；

（2）在组件正常工作时，设置信号源输出频率值并输出信号，频谱分析仪参数设置适宜，使输出信号频谱显示在频谱分析仪中心，利用峰值搜索功能直接读出最大载频信号频率值，记录测试值；

（3）重复步骤（2），在要求频段内顺序间隔抽取若干点进行测试，记录测试值；

（4）测试应包含其起止频率，计算出被测组件输出频率范围，测试所得的频率范围如满足指标要求，则该组件频率范围测试合格。

4.2.2.2 频率精度测试

1. 测试说明

频率精度是分机/组件实际工作频率与标称频率的误差值相对于标称频率的比值。

2. 测试框图

频率精度测试框图如图4-24所示：

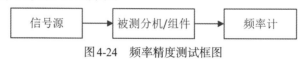

图4-24 频率精度测试框图

3. 测试步骤

（1）按图4-24将被测分机/组件以及仪器和设备连接正确，并将分机/组件与仪器加电预热至正常工作状态；

（2）在分机/组件正常工作时，设置输出频率值作为频率标称值，记录频率计读出的信号频率值作为频率实测值；

（3）重复步骤（2），在要求频段内顺序间隔抽取若干点进行测试，分别记录频率标称值和实测值；

（4）按下式计算每个频率点的频率精度：

$$\delta_f = \frac{|f_{测} - f_{标}|}{f_{标}}$$

式中：

$f_{标}$——频率标称值，单位：Hz、kHz、MHz、GHz；

$f_{测}$——频率计的实测值，单位：Hz、kHz、MHz、GHz；

δ_f——频率精度值。

（5）计算得出的各频率点的频率精度如满足指标要求，则该分机/组件频率精度测试合格。

4.2.2.3 谐波抑制测试

1. 测试说明

在只含线性元件（电阻、电感及电容）的简单电路里，流过的电流与施加的电压成正比，流过的电流是正弦波。但是雷达对抗装备中含有大量非线性元件（晶体管、电子管等），进而会产生谐波和杂散，如图4-25所示。输入信号的频率为f_c，谐波是指f_c的倍频，即$2f_c$，$3f_c$，…，也被称为高次谐波，杂散是指非f_c整数倍的频率。

一系列高次谐波导致电压和电流波严重畸变，对装备的稳定性和安全性造成巨大的影响。所以通常会采取各种手段来抑制高次谐波的产生，为了描述分机/组件抑制谐波影响的能力，将载波的高次谐波（一般指二次谐波）信号功率相对载频功率所差的分贝数定义为谐波抑制，单位为dBc。

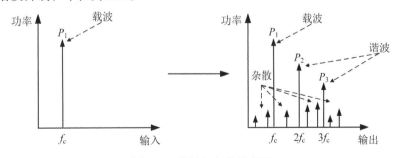

图4-25 谐波与杂散示意图

2. 测试框图

谐波抑制测试框图如图4-26所示：

图4-26　谐波抑制测试框图

3. 测试步骤

（1）按图4-26将被测组件以及仪器和设备连接正确，并将组件与仪器加电预热至正常工作状态；

（2）在组件正常工作时，设置信号源输出频率值并输出信号，使用频谱分析仪首先读出输出信号功率，然后改变频谱分析仪频率，读出对应的谐波信号的功率，按下式计算出谐波抑制值并记录：

$$a_2 = P_1 - P_2$$
$$a_3 = P_1 - P_3$$

式中：

P_1——载频功率值，单位：dBm；

P_2——二次谐波功率值，单位：dBm；

P_3——三次谐波功率值，单位：dBm；

a_2——二次谐波抑制值，单位：dBc；

a_3——三次谐波抑制值，单位：dBc。

（3）重复步骤（2），在要求频段内顺序间隔抽取若干点进行测试，分别记录各频率点的谐波抑制值；

（4）计算得出的各频率点谐波抑制值如满足指标要求，则该组件谐波抑制测试合格。

4.2.2.4　杂散抑制测试

1. 测试说明

在所要求频带内，载频（f_c）以外不含谐波信号（nf_c）、分谐波信号（f_c/n）的所有信号统称为杂散信号。各杂散信号功率相对载频信号功率所差的分贝数定义为杂散抑制，单位为dBc。杂散抑制和谐波抑制又统称为杂波抑制，是描述频率源的重要指标之一。

2. 测试框图

杂散抑制测试框图如图4-27所示：

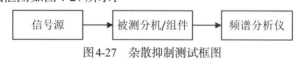

图4-27　杂散抑制测试框图

3. 测试步骤

（1）按图4-27将被测组件以及仪器和设备连接正确，并将组件与仪器加电预热至正常工作状态；

（2）在组件正常工作时，设置信号源输出频率值并输出信号，使用频谱分析仪首先读出输出信号功率，然后改变频谱分析仪频率，读出最大杂散信号功率，按下式计算出杂散抑制值并记录：

$$a_{杂} = P_1 - P_{杂}$$

式中：

P_1——载频功率值，单位：dBm；

$P_{杂}$——最大杂散信号功率值，单位：dBm；

$a_{杂}$——杂散抑制值，单位：dBc。

（3）重复步骤（2），在要求频段内顺序间隔抽取若干点进行测试，分别记录各频率点的杂散抑制值；

（4）计算得出的各频率点杂散抑制值如满足指标要求，则该组件杂散抑制测试合格。

4.2.2.5 带外抑制测试

1.测试说明

带外抑制是分机/组件在工作频带外的增益（插损 dB）与工作频带内增益（插损 dB）的差值（取绝对值），它描述了分机/组件对非工作频带信号的抑制能力，单位为 dBc。

2.测试框图

带外抑制测试框图如图 4-28 所示：

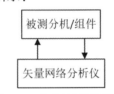

图 4-28　带外抑制测试框图

3.测试步骤

（1）使用矢量网络分析仪测量 S_{21} 参数，格式选择对数幅度，设置合适的输入功率、起始频率和终止频率等参数，将矢量网络分析仪校准后，按图 4-28 将被测分机/组件以及仪器和设备连接正确，并将分机/组件与仪器加电预热至正常工作状态；

（2）由矢量网络分析仪显示数据可得到整个分机/组件带内带外增益，相减可得到带外抑制值；

（3）计算得出的带外抑制值如满足指标要求，则该分机/组件带外抑制测试合格。

4.2.2.6 相位噪声测试

1.测试说明

假设一个理想的电压信号为 $U(t) = A\cos\omega t$，其中 A 是振幅，单位：V，ω 是角频率，单位：Hz，t 是时间，单位：s。但由于工艺和技术等原因，实际产生的信号含有相位噪声，为 $U(t) = A\cos[\omega t + \varphi(t)]$，其中，$\varphi(t)$ 表示随时间变化的相位偏差。两者波形的差别和频谱差别如图 4-29 和图 4-30 所示。

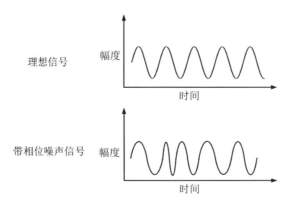

图4-29 理想电压信号与含相位噪声信号的时域波形

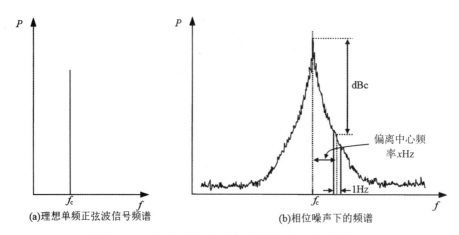

图4-30 理想电压信号与含相位噪声信号的频域波形

可以看出，输出频谱不再是单一谱线，而是在中心谱线两侧有一个噪声谱的边带。噪声边带能量越大，意味着信号越不稳定。为了定量地描述相位噪声，通常用距离载频某频率处单位带宽内噪声能量与中心频率能量的比值表示，其单位为 dBc/Hz，如图4-30所示，x 代表偏离载频距离。一般多对偏离载频 100 Hz～100 kHz 处进行测试。

2. 测试框图

相位噪声测试框图如图4-31所示：

图4-31 相位噪声测试框图

3. 测试步骤

（1）按图4-31将被测分机/组件以及仪器和设备连接正确，并将分机/组件与仪器加电预热至正常工作状态；

（2）在分机/组件正常工作时，设置输出频率值并输出信号，频谱分析仪参数设置适宜，使输出信号频谱显示在频谱分析仪中心，读出谱线顶端电平和上下任一边带中指定偏移载波频率处噪声的平均电平，按下式计算出指定频率偏移的相位噪声值并记录：

$$\mathcal{L}(f_m) = (N - C) - 10\lg B$$

式中：

B——频谱仪分辨带宽，单位：Hz；

N——偏离载频处的噪声平均功率，单位：dBm；

C——载波的功率，单位：dBm；

$\mathcal{L}(f_m)$——相位噪声，单位：dBc/Hz。

（3）重复步骤（2），在要求频段内顺序间隔抽取若干点进行测试，分别记录各频率点的相位噪声值；

（4）上述测量方法为普通的频谱仪测量方法，目前许多先进频谱仪可直接对相位噪声进行测试：将被测信号的谱线设置在屏幕中心，利用 MARKER FUNCTION 菜单中 MARKER NIOSE 功能直接读取偏离载频某一频率的相位噪声值，无须进行复杂的计算；

（5）各频率点的相位噪声值如满足指标要求，则该分机/组件相位噪声测试合格。

4.2.2.7 群时延测试

1. 测试说明

宽带信号是由不同频率的分量组成的，它们同时经过媒质传输路径或设备中的线性元件时，其各个频谱分量的相速不同，分机/组件对各频谱分量的响应也不一样，这会引起不同频率分量到达输出端的时刻有微小的差异，使输出信号产生"畸变"，群时延就是衡量不同频率分量的时延差值的参量。通过分机/组件的相移随角频率的变化率（通常群时延的时间非常接近输入输出延迟时间）定义为群时延，单位为 ns、μs、ms、s。

2. 测试框图

群时延测试框图如图 4-32 所示：

图 4-32 群时延测试框图

3. 测试步骤

（1）设置矢量网络分析仪为群时延测量模式，设置合适的输入功率、起始频率和终止频率等参数，将矢量网络分析仪校准后，按图 4-32 将被测分机/组件以及仪器和设备连接正确，并将分机/组件与仪器加电预热至正常工作状态；

（2）由矢量网络分析仪显示数据可得到整个分机/组件工作频带内的群时延值；

（3）测试所得的各频率点的群时延值如满足指标要求，则该分机/组件群时延测试合格。

4.2.2.8 功率范围测试

1. 测试说明

功率范围是指分机/组件能稳定工作的功率范围，通常用最大功率和最小功率来表示，单位为 dBm 或 mW、W 等。

2. 测试框图

输出功率测试框图如图 4-33 所示：

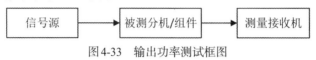

图 4-33　输出功率测试框图

3. 测试步骤

（1）按图 4-33 将被测分机/组件以及仪器和设备连接正确，并将分机/组件与仪器加电预热至正常工作状态；

（2）在分机/组件正常工作时，设置输出功率值并输出信号，利用测量接收机直接读出功率值，记录测试值；

（3）改变输出功率值，重复步骤（2），记录不同功率时的测试值；

（4）重复步骤（2）和（3），在要求频段内顺序间隔抽取若干点进行测试，记录测试值；

（5）根据各频率点的最大功率和最小功率计算出被测分机/组件输出功率范围，各频率点的功率范围如满足指标要求，则该分机/组件功率范围测试合格。

4.2.2.9　功率精度测试

1. 测试说明

分机/组件实际输出功率与标称功率的误差值，定义为功率精度。

2. 测试框图

功率精度测试框图如图 4-34 所示：

图 4-34　功率精度测试框图

3. 测试步骤

（1）按图 4-34 将被测分机/组件以及仪器和设备连接正确，并将分机/组件与仪器加电预热至正常工作状态；

（2）在分机/组件正常工作时，设置输出功率值并输出信号，利用测量接收机直接读出功率值，记录测试值；

（3）改变输出功率值，重复步骤（2），记录不同功率时的测试值；

（4）重复步骤（2）和（3），在要求频段内顺序间隔抽取若干点进行测试，记录测试值；

（5）按下式计算每个频率点的功率精度：

$$\delta_p = P_{测} - P_{标}$$

式中：

$P_{测}$——功率实测值，单位：dBm；

$P_{标}$——功率标称值，单位：dBm；

δ_p——功率精度值，单位：dB。

（6）各频率点的功率精度如满足指标要求，则该分机/组件功率精度测试合格。

4.2.2.10 动态范围测试

1. 测试说明

在分机/组件可以正常接收雷达信号时，如果输入信号增大，输出信号幅度也会正比的增大。但当信号大到某一幅值 U_{simax} 后，其输出信号就不再随输入信号幅度的增大而成正比的增大，严重时反而会随之减小，分机/组件会暂时停止接收信号，这是因为强信号使放大器工作于饱和状态，失去了放大作用，这种现象称为"过载"。当输入信号过小，小于最小可辨电压 U_{simin} 时，分机/组件也无法捕捉信号。动态范围的定义就是 U_{simax} 和 U_{simin} 的比值，单位为dB。如图4-35所示：

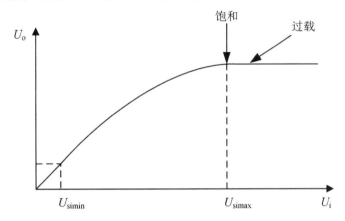

图 4-35　组件输出电压与输入电压的关系

2. 测试框图

动态范围测试框图如图4-36所示：

图 4-36　动态范围测试框图

3. 测试步骤

（1）按图4-36将被测组件以及仪器和设备连接正确，并将组件与仪器加电预热至正常工作状态；

（2）设置信号源输出频率、功率值并输出信号，记录组件正常工作时信号源输出最大功率值；

（3）重复步骤（2），改变信号源输出功率值，记录组件正常工作时信号源输出最小功率值；

（4）重复步骤（2）和(3)，在要求频段内顺序间隔抽取若干点进行测试，记录测试值；

（5）根据信号源各频率点的最大功率和最小功率计算出被测组件动态范围，计算得出的动态范围如满足指标要求，则该组件动态范围测试合格。

4.2.2.11 基底噪声测试

1. 测试说明

基底噪声表示接收信噪比为 0 dB 时，接收分机/组件能够感知的最小信号强度，即无射频信号输入时输出噪声功率均值，此时射频输入端接 50Ω 负载，单位 mV、V、dBm。基底噪声谱如图 4-37 所示：

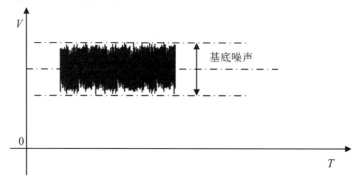

图 4-37　基底噪声图示

2. 测试框图

基底噪声测试框图如图 4-38 所示：

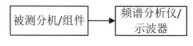

图 4-38　基底噪声测试框图

3. 测试步骤

（1）按图 4-38 将被测分机/组件以及仪器和设备连接正确，并将分机/组件与仪器加电预热至正常工作状态；

（2）被测分机/组件射频输入端接 50Ω 负载，输出端接频谱分析仪或示波器；

（3）频谱分析仪/示波器参数设置适宜，使输出信号频谱显示在中心，利用 Mark 功能直接读出相应信号功率值，记录为分机/组件基底噪声值；

（4）重复步骤（2）和（3），在要求频段内顺序间隔抽取若干点进行测试，记录测试值；

（5）测量所得的各频率点基底噪声如满足指标要求，则该分机/组件基底噪声测试合格。

4.2.2.12 增益/损耗测试

1. 测试说明

分机/组件的输出功率减去输入功率的增值，定义为增益；输出功率减去输入功率的差值，定义为损耗，增益和损耗的单位均为 dB。

2. 测试框图

增益/损耗测试框图如图4-39所示:

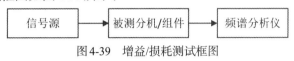

图4-39　增益/损耗测试框图

3. 测试步骤

（1）按图4-39将被测分机/组件以及仪器和设备连接正确，并将分机/组件与仪器加电预热至正常工作状态；

（2）设置信号源输出频率、功率值并输出信号，分机/组件的输入功率值即为信号源设置的功率值，记录该值；

（3）频谱分析仪参数设置适宜，使输出信号频谱显示在频谱分析仪中心，利用Mark功能直接读出相应信号功率值，记录为分机/组件输出功率值；

（4）重复步骤（2）和（3），在要求频段内顺序间隔抽取若干点进行测试，记录测试值；

（5）根据各频率点的输出功率和输入功率计算出被测分机/组件增益/损耗，计算所得的增益/损耗值如满足指标要求，则该分机/组件增益/损耗测试合格。

4.2.2.13　1 dB压缩点测试

1. 测试说明

1 dB压缩点是描绘组件线性度的指标，随着射频输入功率增加，实际曲线与理想曲线偏离的越来越远，当这个差值达到1 dB，即组件增益/损耗变化1 dB，此时的输入功率即为1 dB压缩点。1 dB压缩点确定了组件动态范围的上限值，单位为dBm、W。如图4-40所示。

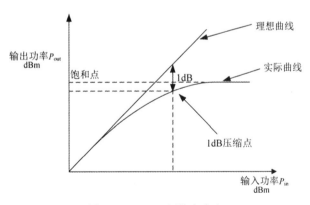

图4-40　1　dB压缩点定义

2. 测试框图

1 dB压缩点测试框图如图4-41所示:

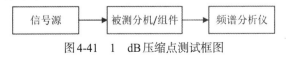

图4-41　1　dB压缩点测试框图

3. 测试步骤

（1）按图4-41将被测分机/组件以及仪器和设备连接正确，并将分机/组件与仪器加电预热至正常工作状态；

（2）设置信号源输出频率、功率值并输出信号，记录信号源设置功率为分机/组件输入功率值；

（3）频谱分析仪参数设置适宜，使输出信号频谱显示在频谱分析仪中心，利用Mark功能直接读出相应信号功率值，记录为分机/组件输出功率值；

（4）根据分机/组件的输出功率和输入功率计算出被测分机/组件增益/损耗，增大信号源输入功率，重复步骤（2）和（3），当分机/组件增益/损耗变化1 dB时，当前信号源功率记录为1 dB压缩输入功率，当前频谱分析仪功率记录为1 dB压缩输出功率；

（5）重复步骤（2）、（3）和（4），在要求频段内顺序间隔抽取若干点进行测试，记录测试值；

（6）测量所得的各频率点的1 dB压缩输出功率和输入功率如满足指标要求，则该分机/组件1 dB压缩点测试合格。

4.2.2.14　交调失真与三阶截交点测试

1. 测试说明

"交调"是交叉调制的简称，它是指多个信号一起作用于分机/组件时，由分机/组件的非线性作用而产生的虚假信号，交调不会随着接收滤波器性能的提高而改善，在通信领域危害较大。交调失真就是用来描述这些虚假信号对基波信号影响的参数，单位为dBc。

交调干扰信号有三阶、五阶、七阶或者更多阶的分量，但是三阶交调分量最大。所以一般以测量三阶交调分量为主，而偶次阶产生的分量距离主信号较远，一般不关注偶次交调产物。如图4-42所示，假设两个频率信号分别是f_1和f_2，那么三阶交调分量的频率为$2f_1-f_2$和$2f_2-f_1$，并且$2f_1-f_2$和$2f_2-f_1$这两个频率紧挨f_1、f_2，因此会干扰工作带内频率信息，而二阶交调产生的产物比如f_2-f_1距离主信号较远。

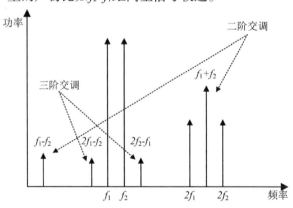

图4-42　交调失真产生的频率信号

交调失真是指基波输出功率与交调产物输出功率的差值。为了更好地描述三阶交调分量的大小，另一个指标是三阶截交点，它可以通过3倍的基波功率减去1倍的三阶交调产物功率得到。

2. 测试框图

交调失真与三阶交调测试框图如图4-43所示：

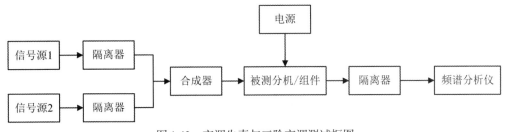

图4-43 交调失真与三阶交调测试框图

3. 测试步骤

（1）按图4-43将被测分机/组件以及仪器和设备连接正确，并将分机/组件与仪器加电预热至正常工作状态；

（2）设置信号源1频率为F_1，信号源2频率为F_2并输出信号；

（3）给放大器加电，将频谱仪光标1移动至基波频率点（f_1或f_2），读出基波输出功率P_1，将频谱仪光标2移动至交调产物频率（$mf_1 \pm nf_2$，m、n为整数，依据测试条件选取），读出交调产物输出功率P_2，则交调失真为：

$$P_0 = P_1 - P_2$$

式中：

P_1——基波输出功率，单位：dBm；

P_2——交调产物输出功率，单位：dBm；

P_0——交调失真，单位：dBc。

特别的，当光标2移动至三阶互调产物频率（$2f_1 - f_2$或$2f_2 - f_1$），可以得到三阶截交点为：$(3P_1 - P_2)/2$。

（4）重复步骤（2）和（3），在要求频段内顺序间隔抽取若干点进行测试，记录测试值；

（5）计算所得各频率点的交调失真值如满足指标要求，则该分机/组件交调失真测试合格。

4.2.2.15 噪声系数测试

1. 测试说明

噪声是影响分机/组件接收灵敏度的主要因素。噪声的存在限制了分机/组件接收微弱信号的能力，因为微弱信号会被噪声"淹没"。噪声包括外部噪声和内部噪声两个方面。外部噪声主要来源于天线热噪声，内部噪声来源于电阻热噪声、晶体管（活泼电子管）噪声等。为了衡量分机/组件接收信号的性能（即内部噪声的影响程度），噪声系数定义为：分机/组件输入端信噪比与输出端信噪比之比，常用符号F表示：

$$F = \frac{P_{si}/P_{ni}}{P_{so}/P_{no}}$$

式中:

P_{si}/P_{ni}——输入端信号噪声功率比;

P_{so}/P_{no}——输出端信号噪声功率比。

噪声系数F是一个没有量纲的数值(单位为1),通常可用分贝(dB)来表示,写成NF或$F_{[dB]}$,即:

$$NF = F_{[dB]} = 10\lg F$$

例如,某对抗装备的噪声系数$F=3$,则以分贝表示为:$NF = F_{[dB]} = 10\lg 3 = 4.77(dB)$。

如果分机/组件内部没有噪声(理想接收机),输入的信号与噪声放大后,在输出端的信噪比等于输入端的信噪比,即整机只受到外部噪声影响,不受内部噪声影响,噪声系数$F=1$。在实际情况中F总是大于1的,且F越大,说明射频/微波分系统的内部噪声的影响越严重。

对于微波级联通道,如图4-44所示,总的噪声系数计算方法为:

$$F_{total} = F_1 + \frac{F_2-1}{G_1} + \frac{F_3-1}{G_1 \times G_2} + \cdots + \frac{F_n-1}{\prod\limits_{i=1}^{n-1} G_i}$$

式中:

F_{total}——通道总的噪声因子;

G_{total}——通道总的增益(单位为倍,而不是dB);

F_i——通道中第i个模块的噪声因子;

G_i——通道中第i个模块的增益(单位为倍,而不是dB)。

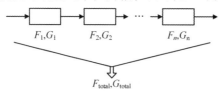

图4-44 级联通道噪声网络图

2. 测试框图

噪声系数测试框图如图4-45所示:

图4-45 噪声系数测试框图

3. 测试步骤

(1)将噪声系数分析仪校准后,按图4-45将被测分机/组件以及仪器和设备连接正确,并将分机/组件与仪器加电预热至正常工作状态;

（2）设置噪声源输出，由噪声系数分析仪显示数据可得到整个分机/组件工作频带内的噪声系数；

（3）测量所得的各频率点噪声系数满足指标要求，则该分机/组件噪声系数测试合格。

4.2.2.16 对数斜率/对数精度测试

1. 测试说明

对数斜率：对数斜率定义为对数动态范围内，DLVA 输入输出关系的最佳拟合直线的斜率，单位为（mV/dBm±%mV）/dB。

对数精度：在动态范围内 DLVA 功率/电压传输函数相对理想电压/功率直线的最大偏移，单位为 dB。

使用最小二乘法对已知数据进行最佳直线拟合，再利用线性方程组的求解获得拟合曲线，最终求对数斜率和对数精度值。对数斜率/对数精度谱如图 4-46 所示。

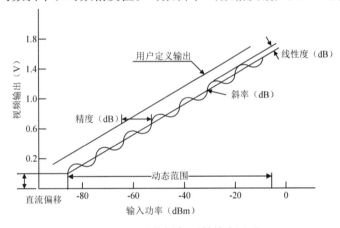

图 4-46 对数斜率/对数精度图示

2. 测试框图

对数斜率/对数精度测试框图如图 4-47 所示：

图 4-47 对数斜率/对数精度测试框图

3. 测试步骤

（1）按图 4-47 将 DLVA 以及仪器和设备连接正确，并将 DLVA 与仪器加电预热至正常工作状态；

（2）设置信号源输出频率，其功率从 DLVA 正常工作动态范围下限开始，逐步增加信号源输出功率；

（3）利用示波器幅度测量功能直接读出每个功率点视频信号电压幅度值，当信号功率达到 DLVA 正常工作动态范围上限时停止测试；

（4）重复步骤（2）和(3)，在要求频段内顺序间隔抽取若干点进行测试，记录测试值；

（5）计算所得的各频率点的对数斜率和对数精度如满足指标要求，则DLVA对数斜率和对数精度测试合格。

4.2.2.17 上升时间/建立时间/下降时间/恢复时间测试

1. 测试说明

上升时间是输出信号脉冲上升沿处，由10%脉冲高度上升到90%脉冲高度的时间间隔，单位ns、μs、ms、s。建立时间是输出信号脉冲到达其脉冲高度的10%时刻到其稳定（波动在±0.5 dB之内）的时间间隔，单位ns、μs、ms、s。下降时间是输出信号脉冲下降沿处，由90%脉冲高度下降到10%脉冲高度的时间间隔，单位ns、μs、ms、s。恢复时间是指输出信号脉冲下降沿的90%处过渡到信号基底±1 dB处所需的时间间隔，单位ns、μs、ms、s。上升时间、建立时间、下降时间和恢复时间的时间谱如图4-48所示：

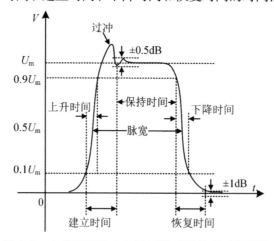

图4-48　上升时间/建立时间/下降时间/恢复时间图示

2. 测试框图

上升时间/建立时间/下降时间/恢复时间测试框图如图4-49所示：

图4-49上升时间/建立时间/下降时间/恢复时间测试框图

3. 测试步骤

（1）按图4-49将DLVA以及仪器和设备连接正确，并将DLVA与仪器加电预热至正常工作状态；

（2）设置信号源的脉冲周期、脉冲宽度等参数，DLVA正常工作后输出端连接至示波器；

（3）利用示波器时间测量功能直接读出相应信号时间间隔值，记录为DLVA上升时间/建立时间/下降时间/恢复时间值；

（4）重复步骤（2）和(3)，在要求频段内顺序间隔抽取若干点进行测试，记录测试值；

（5）各频率点的上升时间/建立时间/下降时间/恢复时间如满足指标要求，则DLVA上升时间/建立时间/下降时间/恢复时间测试合格。

4.2.2.18 耦合度测试

1. 测试说明

理想耦合器的输入端口功率等于耦合端口功率与输出端口功率之和以瓦特（W）为单位，即：

$$P_{in} = P_c + P_{out}$$

式中：

P_{in}——输入端功率，单位：W；

P_c——耦合端功率，单位：W；

P_{out}——输出端功率，单位：W，如图4-50所示。

耦合度是耦合端口与输入端口的功率之比，以dB表示，一般是负值。耦合度的绝对值越大，耦合器的损耗就越小。

$$耦合度\ dB = 耦合端口功率\ dBm - 输入端口功率\ dBm = 10\lg\frac{P_c}{P_{in}}$$

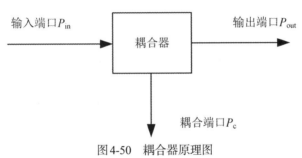

图4-50　耦合器原理图

2. 测试框图

耦合度测试框图如图4-51所示：

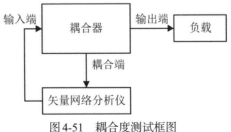

图4-51　耦合度测试框图

3. 测试步骤

（1）使用矢量网络分析仪测量S_{21}参数，格式选择对数幅度，设置合适的输入功率、起始频率和终止频率等参数，将矢量网络分析仪校准后，按图4-51将耦合器以及仪器和设备连接正确，并将耦合器与仪器加电预热至正常工作状态；

（2）分别测试分机/组件正常工作时输入/耦合端口，由矢量网络分析仪显示数据可得到耦合器在整个工作频带内的耦合度值；

（3）测量所得的各频率点的耦合度如满足指标要求，则耦合器耦合度测试合格。

4.2.2.19　隔离度测试

1. 测试说明

在理想情况下，隔离端口输出功率应为0，但由于受计算误差和制造精度的限制，使得隔离端口输出功率不为0。通常将输入端口的输入功率和隔离端口的输出功率之比的分贝数来表示隔离性能，称为隔离度，单位为dB。

2. 测试框图

隔离度测试框图如图4-52所示：

图4-52　隔离度测试框图

3. 测试步骤

（1）使用矢量网络分析仪测量S_{21}参数，格式选择对数幅度，设置合适的输入功率、起始频率和终止频率等参数，将矢量网络分析仪校准后，按照图4-52将被测分机/组件以及仪器和设备连接正确，并将分机/组件与仪器加电预热至正常工作状态；

（2）分别测试分机/组件正常工作时输入/隔离端口，由矢量网络分析仪显示数据可得到整个分机/组件工作频带内的隔离度值；

（3）测量所得的各频率点的隔离度如满足指标要求，则该分机/组件隔离度测试合格。

4.2.2.20　驻波比测试

1. 测试说明

与天线的驻波比类似，分机/组件的驻波比是指分机/组件上最大电压与最小电压的模之比，记为VSWR。驻波比等于1时，表示阻抗完全匹配，输入信号的能量完全转化为输出信号的能量，没有能量的反射损耗；驻波比为无穷大时，表示全反射，能量完全没有辐射出去。

驻波比分为输入驻波比和输出驻波比：输入驻波比描述了在分机/组件输出端接匹配负载时，输入端射频信号反射的强弱；输出驻波比描述了在分机/组件输入端接匹配负载时，输出端射频信号反射的强弱。

2. 测试框图

驻波比测试框图如图4-53所示：

图4-53　驻波比测试框图

3. 测试步骤

（1）设置矢量网络分析仪为驻波测量模式，设置合适的输入功率、起始频率和终止频率等参数，将矢量网络分析仪校准后，按图4-53将被测分机/组件以及仪器和设备连接正确，并将分机/组件与仪器加电预热至正常工作状态；

（2）分别测试分机/组件正常工作时输入/输出端口，由矢量网络分析仪显示数据可得到整个分机/组件工作频带内的输入/输出驻波比；

（3）测量所得的各频率点驻波比如满足指标要求，则该分机/组件驻波比测试合格。

4.2.2.21 衰减范围/步进/精度测试

1. 测试说明

衰减范围是指最大衰减量的标称值，单位为dB。衰减步进是指通过控制转换能达到的最小衰减量的标称值，单位为dB。衰减精度是指衰减量偏离标称值的大小，单位为dB。

2. 测试框图

衰减范围/步进/精度测试框图如图4-54所示：

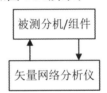

图4-54　衰减范围/步进/精度测试框图

3. 测试步骤

（1）使用矢量网络分析仪测量S_{21}参数，格式选择对数幅度，设置合适的输入功率、起始频率和终止频率等参数，将矢量网络分析仪校准后，按图4-54将被测分机/组件以及仪器和设备连接正确，并将分机/组件与仪器加电预热至正常工作状态；

（2）由矢量网络分析仪显示数据可得到整个分机/组件工作频带内的衰减值；

（3）改变分机/组件衰减量，重复步骤（2），根据不同衰减值计算出衰减范围/步进/精度值；

（4）计算所得的各频率点的衰减范围/步进/精度如满足该指标要求，则该分机/组件衰减范围/步进/精度测试合格。

4.2.2.22 移相范围/步进/精度测试

1. 测试说明

移相范围是指最大移相量的标称值，单位为（°）。移相步进是指通过控制转换能达到的最小移相量的标称值，单位为（°）。移相精度是指移相量偏离标称值的大小，单位为（°）。

2. 测试框图

移相范围/步进/精度测试框图如图4-55所示：

图 4-55　移相范围/步进/精度测试框图

3. 测试步骤

（1）使用矢量网络分析仪测量 S_{21} 参数，格式选择相位，设置合适的输入功率、起始频率和终止频率等参数，将矢量网络分析仪校准后，按图 4-55 将被测分机/组件以及仪器和设备连接正确，并将分机/组件与仪器加电预热至正常工作状态；

（2）设置被测组件移相量为初始值，在矢量网络分析仪上进行相位归一化操作；

（3）由矢量网络分析仪显示数据可得到整个分机/组件工作频带内的移相值；

（4）在移相范围内选择多个移相量，相应改变分机/组件移相量，重复步骤（3），根据不同移相值计算出移相范围/步进/精度值；

（5）计算所得的各频率点的移相范围/步进/精度如满足指标要求，则该分机/组件移相范围/步进/精度测试合格。

4.2.2.23　干扰源调频噪声带宽范围和误差测试

1. 测试说明

电子对抗装备发射干扰信号是为了破坏或削弱敌方雷达对己方目标的探测和跟踪能力。根据干扰的形式，雷达干扰又可以分为压制性干扰和欺骗干扰，压制性干扰是在敌方雷达中注入干扰信号以使真实目标回波信号被干扰淹没，让敌方雷达接收人员没办法从中分析出目标回波。图 4-56 是敌方的 A 型显示器和 PPI 显示器在有无受到干扰下的显示情况。

为了描述压制性干扰起作用的频率范围，引入噪声带宽对其进行描述。3 dB 带宽是指噪声的功率谱密度的最高点下降到一半时界定的频率范围，同时它也是指输出信号的功率下降到最大值一半时界定的频率范围，由于功率与电压呈平方关系，所以这也对应着输出信号幅度下降到最大值的 $1/\sqrt{2}$ 时界定的频率范围。那么峰值和临界值在对数下的比值即为 $10\log(\text{peak}/0.5\text{peak})=10\log 2=3\text{ dB}$。

压制性干扰根据干扰样式可以分为噪声类、脉冲类和组合类，噪声类干扰根据技术手段又分为射频噪声、噪声调幅和噪声调频。噪声带宽范围和精度是描述噪声类干扰能力的重要指标之一，只有噪声带宽足够覆盖敌方雷达的工作带宽才能起到干扰作用，由于噪声类干扰的带宽和精度具有相似性，本测试以调频噪声的带宽范围和精度为例进行说明，如图 4-57 所示。

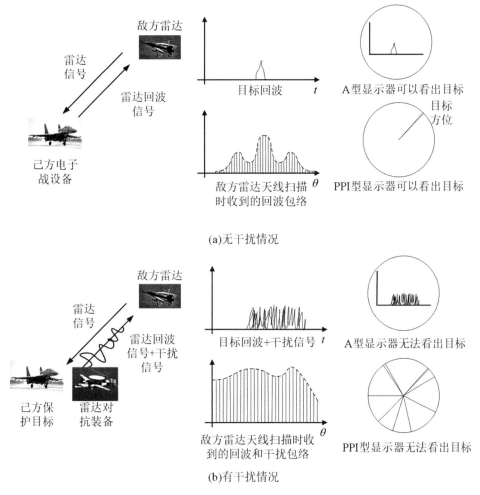

(a)无干扰情况

(b)有干扰情况

图4-56 压制性干扰对敌方显示器的影响

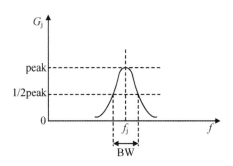

图4-57 调频噪声的功率谱密度

2. 测试框图

干扰源调频噪声带宽测试框图如图4-58所示：

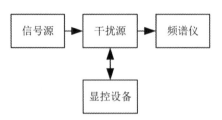

图 4-58　干扰源调频噪声带宽测试框图

3. 测试步骤

（1）按图 4-58 将仪器和设备连接正确，通电预热，使其工作正常；

（2）在指标要求规定的工作频率、调频噪声带宽范围内，任意选取 n 个频率点 f_i、m 个带宽值 BW_j（含上、下限频率点和带宽值），其中 $n \geq 10$、$m \geq 10$；

（3）设置信号源输出频率为选取的某个频率点 f_i，按需求设置信号源其余信号参数；

（4）设置干扰源工作于调频噪声方式下，选取某一个带宽值 BW_j；

（5）记录频谱仪中读出 f_i 左侧最近的功率下降 3 dB 对应的低端频率值 f_{ij-} 和 f_i 右侧最近的功率下降 3 dB 对应的高端频率值 f_{ij+}；

（6）重复步骤（3）～（5），直到所有带宽值、频率点测试完毕；

（7）用绝对值表示时，计算调频噪声带宽误差 ΔBW_{ij}；用均方根表示时，计算调频噪声带宽误差 σ_{bwd}：

$$\Delta BW_{ij} = |f_{ij+} - f_{ij-} - BW_j|$$

$$\sigma_{bwd} = \sqrt{\frac{1}{nm}\sum_{i=1}^{n}\sum_{j=1}^{m}(f_{ij+} - f_{ij-i} - BW_j)^2}$$

式中：

ΔBW_{ij}——第 i 个频率点第 j 个调频噪声带宽值干扰源的调频噪声带宽误差（绝对值），单位：MHz；

σ_{bwd}——第 i 个频率点第 j 个调频噪声带宽值干扰源的调频噪声带宽（均方根），单位：MHz；

f_{ij+}——第 i 个频率点第 j 个调频噪声带宽值干扰源输出频谱中功率下降 3 dB 的高端频率测量值，单位：MHz；

f_{ij-}——第 i 个频率点第 j 个调频噪声带宽值干扰源输出频谱中功率下降 3 dB 的低端频率测量值，单位：MHz。

（8）从 ΔBW_{ij} 中找出最大值，即为用绝对值表示时干扰源的调频噪声带宽误差 ΔBW；从 BW_{ij} 中找到满足调频噪声带宽误差要求最小调频噪声带宽值 BW_{dmin}、最大调频噪声带宽值 BW_{dmax}，则用绝对值表示时干扰源的移频范围为 $BW_{dmin} \sim BW_{dmax}$；当调频噪声带宽范围是多个不连续的频段时，应分段统计移频范围；

（9）计算所得的调频噪声带宽误差如满足指标要求，则处理机干扰源调频噪声带宽误差测试合格。

4.2.2.24　干扰源频域调制范围和误差测试

1. 测试说明

欺骗干扰是发射、转发、反射敌方雷达信号，使干扰信号与真实信号相似，以欺骗敌方雷达接收设备或人员，造成敌方得出虚假信息以致产生错误判断和错误行动。干扰在 IP-1310/ALR RWS（雷达警报系统）上显示的各种假目标效果如图 4-59 所示。

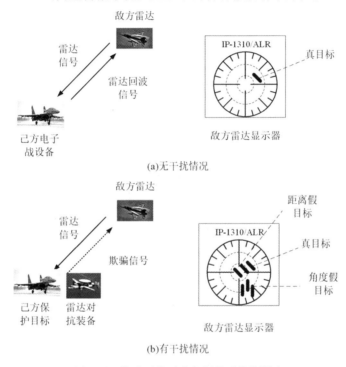

图 4-59　欺骗干扰对敌方报警系统的影响

根据干扰所针对的雷达参数，欺骗干扰主要分为距离欺骗、速度欺骗和角度欺骗。速度欺骗干扰是干扰机在干扰机转发的目标信号上调制一个伪多普勒频移，用于模拟真实目标的多普勒特征，使干扰信号进入雷达速度跟踪波门，由于干扰信号功率更大，敌方雷达的"注意力"就会被吸引；然后干扰信号的多普勒频率会逐渐远离真实目标，造成雷达跟着干扰信号越来越偏远；最后在合适的时间停止干扰信号，造成雷达信号丢失目标，如图 4-60 所示。速度欺骗干扰信号是频域的调制信号，干扰源的频域调制范围和误差就是描述雷达对抗装备速度欺骗干扰能力的重要指标。

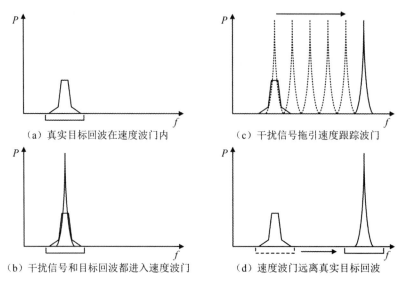

(a) 真实目标回波在速度波门内　　　　(c) 干扰信号拖引速度跟踪波门

(b) 干扰信号和目标回波都进入速度波门　　(d) 速度波门远离真实目标回波

图4-60　速度波门拖引欺骗

2. 测试框图

干扰源频移调制范围和误差测试框图如图4-61所示：

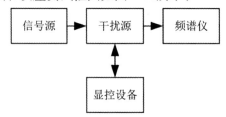

图4-61　干扰源频移调制范围和误差测试框图

3. 测试步骤

(1) 按图4-61将仪器和设备连接正确，通电预热，使其工作正常；

(2) 在指标要求规定的工作频率、移频范围内，任意选取 n 个频率点 f_i、m 个移频值 f_{dj}（含上、下限频率点和移频值），其中 $n \geqslant 10$、$m \geqslant 10$；

(3) 设置信号源输出频率为选取的某个频率点 f_i，按需求设置信号源其余信号参数；

(4) 设置干扰源工作于移频方式下，任意选取一个移频值 f_{dj}，记录频谱仪测试干扰源输出信号的频率值 f_{cij}；

(5) 重复步骤（3）~（4），直到所有移频值、频率点测试完毕；

(6) 用绝对值表示时，计算移频误差 Δf_{ij}；用均方根表示时，计算移频误差 σ_{fd}：

$$\Delta f_{ij} = |f_{cij} - f_i - f_{dj}|$$

$$\sigma_{fd} = \sqrt{\frac{1}{nm} \sum_{i=1}^{n} \sum_{j=1}^{m} (f_{cij} - f_i - f_{dj})^2}$$

式中：

Δf_{ij} ——第 i 个频率点第 j 个移频量干扰源的移频误差（绝对值），单位：MHz；

σ_{fd} ——第 i 个频率点第 j 个移频量干扰源的移频误差（均方根），单位：MHz；

f_{cij} ——第 i 个频率点第 j 个移频量干扰源输出信号的频率值，单位：MHz；

f_i ——第 i 个频率点信号源输出频率，单位：MHz；

f_{dj} ——第 j 个移频值，单位：MHz。

（7）从 Δf_{ij} 中找出最大值即为用绝对值表示时干扰源的移频误差 Δf；从 f_{dj} 中找到满足移频误差要求最小移频值 f_{dmin}、最大移频值 f_{dmax}，则用绝对值表示时干扰源的移频范围为 $f_{dmin} \sim f_{dmax}$；当移频范围是多个不连续的频段时，应分段统计移频范围；

（8）计算所得的频移调制范围和误差如满足指标要求，则处理机干扰源频移调制范围和误差测试合格。

4.2.2.25 干扰源时域调制范围和误差测试

1. 测试说明

距离欺骗干扰的过程如下：干扰机先发回一个雷达回波的放大信号，使干扰信号捕获了雷达跟踪回路，然后干扰信号以连续递增的速度增大时间延迟，最终导致雷达的跟踪波门逐渐远离真实目标。如图 4-62 所示，只要在合适的时间停止干扰，就能造成雷达丢失目标。距离欺骗干扰信号是时域的调制信号，干扰源的时域调制范围和误差是描述雷达对抗装备距离欺骗干扰能力的重要指标。

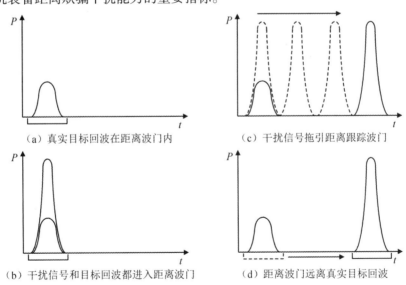

（a）真实目标回波在距离波门内

（c）干扰信号拖引距离跟踪波门

（b）干扰信号和目标回波都进入距离波门

（d）距离波门远离真实目标回波

图 4-62 距离波门拖引欺骗

2. 测试框图

干扰源时域调制范围和误差测试框图如图 4-63 所示：

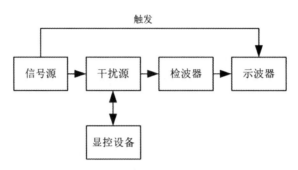

图4-63　干扰源时域调制范围和误差测试框图

3. 测试步骤

（1）按图4-63将仪器和设备连接正确，通电预热，使其工作正常；

（2）在指标要求规定的时域调制范围内，任意选取$n(n\geq10)$个时域调制值$t_{di}(i=1,2,\cdots,n)$，含上下限时域调制值；

（3）设置信号源输出信号频率为指标要求规定的频率覆盖范围内任意频率值f，按照求设置其余信号参数；

（4）设置干扰源工作于单脉冲工作模式，选取某一个时域调制值t_{di}；

（5）示波器以信号源同步信号为触发，记录测量同步信号前沿到干扰脉冲前沿的时间为t_{ci}；

（6）选取其他时域调制值，重复步骤（5），直到所有时域调制值测试完毕；

（7）按下式计算时域调制误差Δt_i：

$$\Delta t_i = t_{ci} - t_{di}$$

式中：

Δt_i——第i个时域调制值干扰源的时域调制误差，单位：ms；

t_{di}——第i个时域调制值，单位：ms；

t_{ci}——第i个时域调制值干扰源的测量时域调制值，单位：ms。

（8）找出Δt_i的最大值，即为干扰源的时域调制误差Δt；找到满足指标要求的时域调制误差的最小时域调制值t_{dmin}，最大值与调制值t_{dmax}，则干扰源的时域调制范围为$t_{dmin}\sim t_{dmax}$；当时域调制范围是多个不连续的频段时，应分段统计时域调制范围；

（9）计算所得的时域调制范围和时域调制误差如满足要求，则处理机干扰源时域调制范围和误差测试合格。

4.2.2.26　干扰距离调制分辨率测试

1. 测试说明

复制生成是距离干扰的一种形式，干扰源以雷达信号为触发，生成一系列的复制干扰信号，这些干扰信号将在敌方的显示屏上形成多台装备的假象。如图4-64所示，干扰距离调制的分辨率是指生成的复制干扰信号的最小间隔，分辨率越高则在单位时间内生成的复制信号越多，假象也越多。

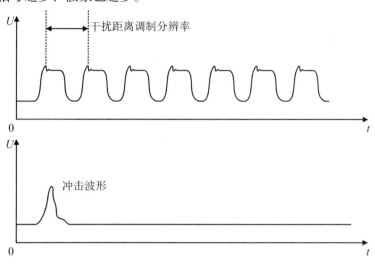

图 4-64 干扰距离调制分辨率示意图

2. 测试框图

干扰距离调制分辨率测试框图如图 4-65 所示：

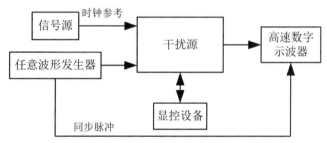

图 4-65 干扰距离调制分辨率测试框图

3. 测试步骤

（1）按图 4-65 将仪器和设备连接正确，通电预热，使其工作正常；

（2）将信号源作为工作时钟输入，设置连续波输出功率为 0 dBm，频率在干扰源工作频段范围内；

（3）任意波形发生器调用冲击波形，如图 4-64 所示，按照要求设置合适的输出幅度、触发周期，内触发；

（4）设置干扰机为复制生成工作状态；

（5）调节高速数字示波器，使用任意波形发生器产生的同步脉冲作为触发，使波形稳定显示，然后单次触发，使用示波器光标功能，测试并记录两个冲击脉冲间的时间间隔 ΔT，即为干扰源距离调制分辨率；

（6）测量所得的脉宽间隔如满足指标要求，则处理机距离调制分辨率测试合格。

4.2.2.27　干扰源输出信号主杂比测试

1. 测试说明

干扰源输出信号主杂比是指干扰源正常工作时，输出信号功率与工作带宽范围内的最大杂波功率之差。

2. 测试框图

干扰源输出信号主杂比测试框图如图4-66所示：

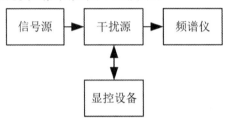

图4-66　干扰源输出信号主杂比测试框图

3. 测试步骤

（1）按图4-66将仪器和设备连接正确，通电预热，使其工作正常；

（2）在工作频率、输入信号功率范围内任意选取 n 个频率点 f_i、m 个输入信号功率值 P_j（含上、下限频率点和功率值），其中 $n \geqslant 10$、$m \geqslant 5$；

（3）设置信号源输出频率为选取的某个频率点 f_i，按照求设置其余信号参数；

（4）输出功率为选取的某个功率值 P_j，记录频谱仪读取的干扰信号的输出功率值 P_{ij0}、输出最大杂波的输出功率值 P_{ij1}；

（5）选取其他输入信号功率值，重复（3）和（4），直到所有输入信号功率值、频率点测试完毕；

（6）按下式计算输出信号主杂比：

$$\Delta P_{ij} = P_{ij0} - P_{ij1}$$

式中：

ΔP_{ij}——第 i 个频率点和第 j 个功率值的输出信号主杂比，单位：dB；

P_{ij0}——第 i 个频率点和第 j 个功率值的干扰信号输出功率值，单位：dBm；

P_{ij1}——第 i 个频率点和第 j 个功率值的最大杂波输出功率值，单位：dBm。

（7）从 ΔP_{ij} 中找到最小值即为干扰源输出信号主杂比 ΔP；

（8）计算所得的输出信号主杂比如满足指标要求，则处理机干扰源输出信号主杂比测试合格。

4.2.2.28　干扰响应时间测试

1. 测试说明

响应时间是测试干扰源输入端的脉冲前沿到干扰源输出端干扰信号脉冲前沿的时间差。通常用常规脉冲雷达信号进行测试。当设备工作于复制生成状态时，取信号源的同步信号为计数器的起始时间；当设备工作于主动生成和样本生成状态时，取显控设备启动干扰信号生成时的控制信号作为计时器的起始时间。

2. 测试框图

干扰响应时间测试框图如图4-67所示：

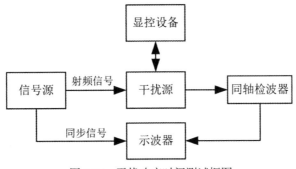

图4-67　干扰响应时间测试框图

3. 测试步骤

（1）按图4-67将仪器和设备连接正确，通电预热，使其工作正常；

（2）按要求设置信号源信号参数；

（3）设置干扰源为复制生成工作状态；

（4）示波器设置为用信号源同步信号的上升沿触发；调整示波器的时基，使示波器能同时观察到同步信号及检波信号的上升沿；

（5）用示波器的光标功能，测量同步信号及检波信号上升沿间的时差ΔT，即为干扰源的响应时间，并将结果记录；

（6）测量所得的响应时间如满足指标要求，则处理机干扰源响应时间测试合格。

4.3　信号处理分系统测试

4.3.1　概述

在雷达对抗中，分析和处理截获的敌方雷达辐射源信号，并挖掘有关敌方雷达信息的过程被称为雷达信号处理。雷达信号处理的首要任务是干扰抑制，只有对干扰进行了有效的抑制，才能保证目标的正确检测。

雷达信号的处理分为信号产生、信号提取和信号变换三大类，信号处理分系统的任务就是负责进行信号变换，其工作流程图如图4-68所示。通过对截获的敌方雷达信号进行特征提取，实现对时域、频域参数的测量，这些测量结果组成脉冲描述字（Pulse Description Words，PDW）。

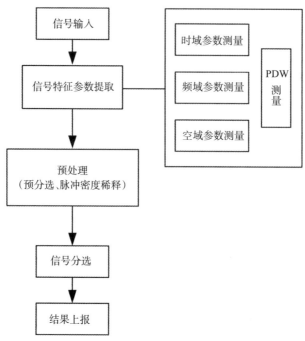

图4-68　信号处理分系统工作流程图

　　雷达侦察接收机接收到的实际信号是一个交错的脉冲列，如图4-69所示，（a）和（b）分别表示两个不同的雷达脉冲序列，而接收机接收的（c）则是两序列依时间形成的混合序列。

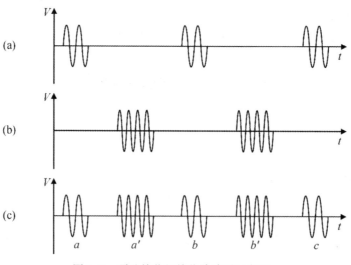

图4-69　雷达接收机接收脉冲列示意图

　　为了从混合序列中获取有用信息，必须将分属于不同辐射源的脉冲序列分离开，这就需要对每一个脉冲进行测量和比对。雷达侦察接收机对各个脉冲测量，测得的基本脉冲参数如表4-1所示。

表4-1 雷达脉冲参数列表

脉冲参数		缩略符号
脉冲描述字（PDW）	脉冲到达时间	TOA
	脉冲载频	RF
	脉冲宽度	PW
	脉冲幅度	PA
	脉冲到达角	DOA
	脉内调制（相位编码或频率调制）	PM
	极化特性	PP

将每一个脉冲的所有脉冲参数组合成一个数字化的表示符，即为雷达脉冲描述字：

PDW={TOA，RF，PW，PA，DOA，PM，PP}

由此，雷达侦察系统接收到的交错序列脉冲就可以表示为：

PDW_buffer={PDW（1），PDW（2），…，PDW（n）}

脉冲列按照PDW中TOA的升序排序，作为雷达信号分选的输入数据源。雷达信号分选是电子侦察的重要组成部分，主要包括预分选和主分选两个步骤。预分选主要筛选虚假脉冲，进行初步的信号分类，然后进行主分选；主分选对时域上混叠在一起的多个雷达的脉冲序列，从中挑选并分离出每一个雷达各自对应的脉冲序列，再综合各个辐射源的来波方向，大概可判断出各个辐射源的具体型号、工作用途、对应配置的武器系统及威胁等级等；最后将分选结果进行上报。

信号处理分系统主要技术指标包括：频率范围、测频误差、频率分辨力、幅度测量分辨率、工作灵敏度、线性动态范围、工作带宽、到达时间提取精度、脉宽测量范围及精度、脉冲重复间隔测量范围及精度、相位测量误差、适应脉冲密度处理能力和适应信号类型测试。

4.3.2 主要指标测试方法

4.3.2.1 测频精度测试

1. 测试说明

对雷达测频一般是指对敌方雷达载波频率的测量，测频精度是处理机在信号分析带宽内的单载波信号频率测量值与输入信号频率值之差，一般以均方根值表示。

目前固定载频的雷达较多，因此，载频相关参数的高精度测量对雷达信号分选非常重要，可以保障干扰机更能集中能量对目标雷达进行干扰。

2. 测试框图

频率测量精度测试框图如图4-70所示：

图 4-70　频率测量精度测试框图

3. 测试步骤

（1）按图 4-70 将仪器和设备连接正确，通电预热，使其工作正常；

（2）设置信号源 1 产生射频信号，信号源 2 产生时基信号，在处理机信号分析带宽内，按要求顺序间隔抽取 i 个测试频率点（应包括上、下限频率）；

（3）依次设置信号源 1 频率点为 f_{si}，信号源 1 输出幅度大于测频灵敏度指标值 6dB，单载波输出；

（4）记录此时处理机测量的频率值 f_{ci}；

（5）改变信号源 1 频率，重复步骤（3）和（4），直到所选频率点测试完毕；

（6）按下式计算信号处理机频率测量精度：

$$\alpha_1 = \sqrt{\frac{\sum_{i=1}^{m}(f_{si} - f_{ci})^2}{m}}$$

式中：

f_{si}——频率设定值，单位：MHz；

f_{ci}——频率测量值，单位：MHz；

α_1——测频精度，单位：MHz；

i——频率测试数据序号（$i=1$，2，…，m）。

（7）计算所得的频率测量精度如满足指标要求，则处理机频率测量精度测试合格。

4.3.2.2　频率分辨率测试

1. 测试说明

频率分辨率是处理机在信号分析带宽内能区分的两个信号的最小频率间隔。例如处理机的频率分辨率为 10 kHz，即输出结果为 90 kHz、100 kHz、110 kHz…。三种信号的频率分别为 f_1、f_2 和 f_3，实际频率分别为 101 kHz、103 kHz 和 111 kHz。由于 f_1 和 f_2 的频率差值小于最小频率间隔，所以处理机认为两者频率都为 100 kHz。

2. 测试框图

频率分辨率测试框图如图 4-71 所示：

图 4-71　频率分辨力测试框图

3. 测试步骤

（1）按图 4-71 将仪器和设备连接正确，通电预热，使其工作正常；

（2）在处理机信号分析带宽内选择三个频率（应包括上、下限频率），设置信号源 1 和信号源 2 的频率为其中一个频率，信号源输出幅度大于测频灵敏度指标值 20 dB，单载波输出；

（3）在接收机上观察到该信号后，改变信号源 1 的频率，直至刚好能分辨两个信号为止，记录此时信号源 1 和信号源 2 的频率 f_{1i} 和 f_{2i}；

（4）改变信号源 1 和信号源 2 为另一个选择的频率，重复步骤（3），直至所选的三个频率测试完毕；

（5）按下式计算第 i 次测试的频率分辨力 Δf_i：

$$\Delta f_i = |f_{1i} - f_{2i}|$$

式中：

f_{1i}——第 i 次测试信号源 1 的测量频率，单位：kHz、MHz；

f_{2i}——第 i 次测试信号源 2 的测量频率，单位：kHz、MHz；

Δf_i——第 i 次测试的频率分辨率，单位：kHz、MHz。

（6）计算所得的各次频率分辨率如满足指标要求，则处理机频率分辨率测试合格。

4.3.2.3　幅度测量分辨率测试

1. 测试说明

与频率分辨率类似，幅度测量分辨率是处理机在信号分析带宽内能区分的两个信号的最小幅度差值。

对雷达信号的幅度测量主要是测其脉冲幅度，脉冲幅度是指接收信号的功率电平。根据脉冲幅度，可以估计辐射源的距离。脉冲幅度在某些侦察接收机中可用作扫描分析，在雷达脉冲重频、载频和脉宽等参数都相同的情况下，其扫描方式往往会不一样，因此要分选这些雷达信号，正确进行分辨，必须进行扫描分析。

2. 测试框图

幅度测量分辨率测试框图如图 4-72 所示：

图 4-72　幅度测量分辨率测试框图

3. 测试步骤

（1）按图 4-72 将仪器和设备连接正确，通电预热，使其工作正常；

（2）设置信号源 1 产生射频信号，信号源 2 产生时基信号，在处理机信号分析带宽内，按测试要求选择固定频点 f，设置信号源 1 输出幅度为比测频灵敏度大 6dB 的电平；

（3）在处理机线性动态范围内选择功率不同的多段信号（如灵敏度附近，饱和功率附近），每段信号内功率按照 1 dB 增加，记录每个测试点上报的幅度值 PA_i；

（4）按下式计算设备幅度测量分辨率测量误差 $\mathrm{d}PA_i$：

$$\mathrm{d}PA_i = \left| PA_i - PA_{i-1} \right| (i > 1)$$

式中：

PA_i ——设备当前测试点 PA 值，单位：dBm；

PA_{i-1} ——设备上一测试点 PA 值，单位：dBm；

$\mathrm{d}PA_i$ ——设备两个测试点 PA 相对变化误差值，单位：dB；

i ——幅度测试点序号（$i = 1, 2, \cdots, n$）。

（5）所有测试点如都在线性动态范围内，且计算所得的 $\mathrm{d}PA_i$ 满足指标要求，则信号处理机幅度分辨率测试合格。

4.3.2.4　工作灵敏度/线性动态范围测试

1. 测试说明

与上一章所述的接收机的灵敏度与动态范围类似，工作灵敏度指信号处理机可以对接收信号进行正确检测和编码的最小信号功率 Pi_{tmin}。线性动态范围是信号处理机能正常工作的输入信号功率的最大变化范围；即其下限是信号处理机灵敏度，其上限通常是信号处理机能正常工作的饱和输入功率。

2. 测试框图

工作灵敏度/线性动态范围测试框图如图 4-73 所示：

图 4-73　工作灵敏度/线性动态范围测试框图

3. 测试步骤

（1）按图 4-73 将仪器和设备连接正确，通电预热，使其工作正常；

（2）设置信号源1产生射频信号，信号源2产生时基信号，在要求频段范围内按测试需求选取频率点作为f_i。改变信号源1频率为f_i，先设置信号源1输出功率足够低（低于灵敏度指标），使设备不能收到信号，然后以1 dB步进增大输出功率，使处理机刚好能收到信号，且保持测频误差和幅度测量分辨率符合指标要求，记录输入信号源1的输出功率Pi_{cmin}；

（3）继续增大信号源1输出功率，使得处理机刚好不能正常工作，再向反方向微调信号源1功率，使得处理机刚好能正常工作，且保持测频误差和幅度测量分辨率符合指标要求，记录输入信号源1的输出功率Pi_{cmax}；

（4）电缆带来的信号损耗ΔL_i，测试方法为将电缆的一端与信号源1连接，另一端与频谱仪连接，输入信号源1的输出功率Pi_{cmin}，并观察频谱仪器上的功率Pi_{lmin}，计算得到$\Delta L_i = Pi_{cmin} - Pi_{lmin}$；

（5）按下式计算系统实际输入的信号功率：

$$Pi_{tmin} = Pi_{cmin} + \Delta L_i$$
$$Pi_{tmax} = Pi_{cmax} + \Delta L_i$$
$$\Delta P_i = Pi_{tmax} - Pi_{tmin} = Pi_{cmax} - Pi_{cmin}$$

式中：

Pi_{cmin}——设备正常工作时射频信号源输出的最小功率电平，单位：dBm；

Pi_{cmax}——设备正常工作时射频信号源输出的最大功率电平，单位：dBm；

Pi_{tmin}——设备对应每一个频点的实际灵敏度，单位：dBm；

Pi_{tmax}——设备对应每一个频点所能正常工作最大信号输入，单位：dBm；

ΔL_i——信号源到分机输入端口的信号功率损耗，单位：dB；

ΔP_i——设备对应每一个频点的动态范围，单位：dB；

i——频率测试点序号（$i=1$，2，$\cdots$，n）。

（6）计算所得的每个测试点的灵敏度Pi_{tmin}和动态范围ΔP_i如都满足指标要求，则信号处理机灵敏度和动态范围测试合格。

4.3.2.5 工作带宽测试

1. 测试说明

工作带宽是测试信号处理机在不改变工作状态下，且保证测频误差和幅度测量分辨率符合指标要求时的最大输入信号频率范围。

2. 测试框图

工作带宽测试框图如图4-74所示：

图4-74　工作带宽测试框图

3. 测试步骤

（1）按图4-74将仪器和设备连接正确，通电预热，使其工作正常；

（2）设置信号源1产生射频信号，信号源2产生时基信号，设置信号源1频率为处理机中心频率，信号源1输出幅度大于测频灵敏度指标值20 dB，设置信号源1的调制参数保持稳定输出；

（3）减小信号源1的信号频率，使得处理机刚好不能正常工作，再向反方向微调信号源1频率，使得处理机刚好能正常工作，且保持测频误差和幅度测量分辨率符合指标要求，记录边界频率f_L；

（4）增加信号源1的信号频率，使得处理机刚好不能正常工作，再向反方向微调信号源1频率，使得处理机刚好能正常工作，且保持测频误差和幅度测量分辨率符合指标要求，记录边界频率f_H；

（5）按下式计算工作带宽BW：

$$BW = f_H - f_L$$

式中：

BW ——处理机正常工作带宽，单位：MHz；

f_H ——处理机正常工作的最大频率，单位：MHz；

f_L ——处理机正常工作的最小频率，单位：MHz。

（6）计算所得的BW如满足指标要求，则信号处理机工作带宽测试合格。

4.3.2.6 到达时间提取精度测试

1. 测试说明

雷达的方位角在短时间内几乎是不变的，在较长时间内可能缓慢而连续地变化。在短时间内，方位差值大于最大测向离散偏差的两个雷达信号脉冲不可能属于同一个雷达信号脉冲序列，因此，信号到达时间t_{TOA}是最好的信号分选参数之一。此外，可以从t_{TOA}数据分析得到脉冲重复间隔PRI，同时得到其倒数——脉冲重复频率PRF。

到达时间提取精度是指信号处理机提取到达时间的精度。提取精度越高，对信号的到达时间t_{TOA}参数测量越准确，由于无法获得到达时间的准确参考值，因此利用到达时间差D_{TOA}的方差对信号处理机到达时间t_{TOA}的提取精度进行验证，即t_{TOA}的方差为D_{TOA}方差的$\sqrt{2}$倍。

2. 测试框图

到达时间提取精度测试框图如图4-75所示：

图4-75　到达时间提取精度测试框图

3. 测试步骤

（1）按图4-75将仪器和设备连接正确，通电预热，使其工作正常；

（2）设置信号源1产生射频信号，信号源2产生时基信号，在要求频段范围内随机选取测试点f；

（3）按测试需求选取重复周期测试点（包括上、下边界重复周期点），并设置信号源1的PRI_{si}为对应值，信号源1的PW设定为固定值；

（4）对每个测试点PRI_{si}，记录全脉冲数据中前后信号的D_{TOA}；

（5）测量所得的所有测试点的D_{TOA}方差如都满足指标要求，则处理机到达时间提取精度测试合格。

4.3.2.7　脉宽测量范围及精度测试

1. 测试说明

脉冲宽度即脉冲的持续时间，指脉冲前、后沿分别等于0.5倍脉冲幅度时的时间间隔。雷达的脉冲宽度在短时间内是不变的。在短时间内，脉冲宽度差值大于脉冲宽度测量的最大误差的两个雷达信号不可能属于同一个雷达脉冲信号序列。因此，脉宽可能是最好的信号分选参数。

脉宽测量范围是指将符合信号处理机指标要求的雷达脉冲信号输入信号处理机，使其工作于需求测试频率点f上，最大脉宽与最小脉宽的差值。脉宽测量精度又叫脉冲宽度分辨率，是指脉冲宽度数据测量的最小步长。

2. 测试框图

脉宽测量精度测试框图如图4-76所示：

图4-76　脉宽测量精度测试框图

3. 测试步骤

（1）按图4-76将仪器和设备连接正确，通电预热，使其工作正常；

（2）设置信号源1产生射频信号，信号源2产生时基信号，在指标要求规定的脉宽范围内，任意选取n个脉宽测试值（包括上、下限）；

（3）选取某一个脉宽测试值PW_{si}，并设置信号源1输出信号频率为要求频段范围内任一固定频点f；

（4）调整信号源1输出功率电平，使设备能正好工作，然后输出功率再增加6dB，记录此时信号处理机的脉宽测量值PW_{ci}；

（5）重复步骤（3）～（4），直到脉宽测试完毕；

（6）按下式计算第i个脉宽测量误差dPW_{ci}：

$$dPW_{ci} = |PW_{ci} - PW_{si}|$$

式中：

dPW_{ci} ——脉宽测量误差值，单位：ms；

PW_{ci} ——信号处理机 PW 测量值，单位：ms；

PW_{si} ——射频信号源输出 PW 设定值，单位：ms；

i ——脉宽测试点序号（$i=1$，2，$\cdots$，n）。

（7）从 dPW_{ci} 中找到满足指标要求规定的脉宽误差的最小脉宽 PW_{min}、最大脉宽 PW_{max}，则信号处理机的脉宽范围为 $PW_{min} \sim PW_{max}$。当脉宽范围是多个不连续时，应分段统计脉宽范围；

（8）所有测试点脉宽测量值误差如都满足指标要求，则处理机脉宽测试合格。

4.3.2.8 脉冲重复间隔测量范围及精度测试

1. 测试说明

脉冲重复间隔 PRI 是指一个雷达脉冲和下一个雷达脉冲之间的时间间隔，其倒数为脉冲重复频率 PRF。

对于固定脉冲重复周期雷达，雷达的脉冲重复周期在短期内是不变的。在短时间内，脉冲重复周期差值大于脉冲重复周期测量的最大误差的两个雷达脉冲重复周期不可能属于同一个雷达脉冲信号序列。脉冲重复周期是最好或者较好的信号分选参数之一。

2. 测试框图

脉冲重复间隔测量范围及精度测试框图如图4-77所示：

图4-77　脉冲重复间隔测量范围及精度测试框图

3. 测试步骤

（1）按图4-77将仪器和设备连接正确，通电预热，使其工作正常；

（2）设置信号源1产生射频信号，信号源2产生时基信号，设置信号源1产生射频信号，信号源2产生时基信号，在要求频段范围内按测试需求选择固定频点 f；

（3）按均匀随机分布，在指标规定的重复周期测量范围，按照测试要求选取 n 个重复周期测量（包括上、下边界重复周期点）PRI_{si}，设置信号源1的 PRI_{si} 为对应值；

（4）对每个测试点 PRI_{si}，读取出现次数最多的重复周期测试值作为测试点对应的重复周期测量典型值 PRI_{ci}；

（5）按下式计算设备重复周期测量误差：

$$dPRI_T = |PRI_{ci} - PRI_{si}|$$

式中：

$dPRI_T$ ——设备 PRI 测量误差值，单位：ms；

PRI_{ci} ——设备 PRI 测量值，单位：ms；

PRI_{si} ——射频信号源输出 PRI 设定值，单位：ms；

i ——重复周期测试点序号（i＝1，2，…，n）。

（6）所有测试点脉冲重复间隔测量值误差如都满足指标要求，则处理机脉冲重复间隔测试合格。

4.3.2.9 多通道相位一致性测试

1. 测试说明

相位测量误差是处理机在输入共源信号时，处理机各信道输出相位测量值之差。本测试适用于多路中频信号输入的情况。

2. 测试框图

相位测量误差测试框图如图 4-78 所示：

图 4-78 相位测量误差测试框图

3. 测试步骤

（1）按图 4-78 将仪器和设备连接正确，通电预热，使其工作正常；

（2）在处理机信号分析带宽内，按测试要求选择固定频点 f_i，设置信号源输出幅度为比测频灵敏度大 20 dB 的电平，设置信号源调制参数；

（3）记录处理机对该信号的第 k 个信道的相位测量值 Φ_{ik}（k＝1，2，…，n）；

（4）改变信号源调制参数，重复步骤（3）；

（5）以第 k 信道的相位作为基准相位，计算处理机测量值相对基准相位的差的绝对值，作为相对相位差。找到第 i 次相位测量值的相对相位差的最大值，即为第 i 次相位测量的相位测量误差；

（6）找出对不同调制信号的相位测量误差的最大值即为处理机的相位测量误差 $\Delta\Phi$；

（7）测量所得的相位测量误差如满足指标要求，则处理机相位测量误差测试合格。

4.3.2.10 适应脉冲密度能力测试

1. 测试说明

适应脉冲密度处理能力是指信号处理机正常工作时能进行分选的最大脉冲数量。

2. 测试框图

适应脉冲密度处理能力测试框图如图 4-79 所示：

图 4-79 适应脉冲密度处理能力测试框图

3. 测试步骤

（1）按图4-79将仪器和设备连接正确，通电预热，使其工作正常；

（2）在处理机信号分析带宽内，按测试要求选择N个脉冲调制信号（频率、重频和脉冲宽度均不同），N个脉冲调制信号的脉冲密度之和大于处理机最大脉冲处理密度；

（3）设置信号源/雷达信号模拟器，同时输出N个脉冲调制信号，观察信号处理机是否能正常工作，并记录分选结果；

（4）所有设置的目标如都能够正确上报，且分选结果参数满足指标要求，则处理机适应脉冲密度处理能力测试合格。

4.3.2.11 适应信号类型测试

1. 测试说明

雷达信号按脉内调制及脉间相参分类可分为常规信号、脉内调制信号、脉间相参信号、脉内调制及脉间相参信号。

常规信号是指载频固定，没有进行频率和相位调制的等幅信号。在时域上表现为一条正弦曲线，在频域上只有一个频率分量。脉内调制信号是指脉内载波信号具有特定相位或频率调制的信号，包括脉内线性调频信号、调频连续波信号等。脉间相参信号是指脉间信号的射频相位具有特定相参特性的信号，如脉冲多普勒雷达信号。脉内调制及脉间相参信号是指脉内载波或射频信号具有特定相位或频率调制、脉间信号的射频相位具有特定相参特性的信号。

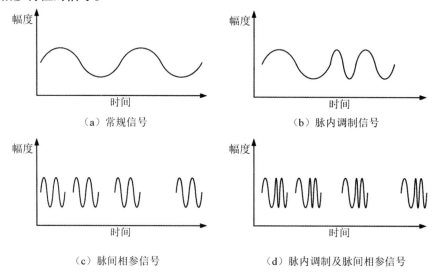

（a）常规信号　　（b）脉内调制信号　　（c）脉间相参信号　　（d）脉内调制及脉间相参信号

图4-80　各种类型的雷达信号

本测试项目主要介绍信号分选，即信号处理机能根据脉冲描述字完成上述各种雷达信号的分选。

2. 测试框图

适应信号类型测试框图如图4-81所示：

图4-81 适应信号类型测试框图

3. 测试步骤

（1）按图4-81将仪器和设备连接正确，通电预热，使其工作正常；

（2）按测试需求依次设置信号源/雷达信号模拟器同时输出不同类型脉冲调制信号（如常规信号、频率捷变等）；

（3）设置信号处理机使其正常工作；

（4）查看信号处理机在"信号分选结果"栏显示侦收到的信号，并记录"频率类型"和"重频类型"值；

（5）选取其他信号类型，重复（4），直到所有信号类型测试完毕；

（6）所有信号类型如都能正确上报，且参数满足指标要求，则处理机适应信号类型测试合格。

5

干涉仪测向标校

5.1 无线电测向技术简介

在电子战中，对敌方电磁波来波方向的测量是一个重要的任务，测向可以实现对信号的分选，其作用和意义如图5-1所示。

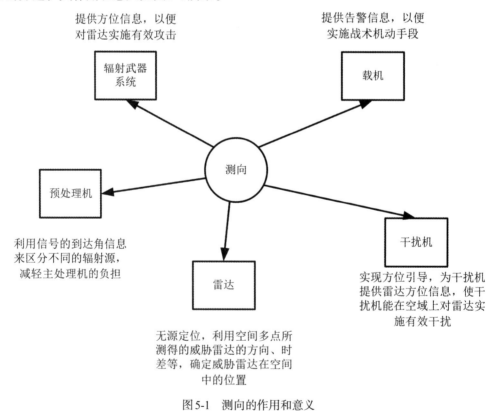

图5-1 测向的作用和意义

无线电测向就是依据电磁波传播特性，使用仪器和设备测定无线电波来波方向的过程。无线电测向仪即是被用来进行无线电测向的，它出现于20世纪初，人们通过岸上的多个无线电指向标台或无线广播电台的来波方向来确定船只所在的位置，但当时的无线电测向仪体积庞大，仅被用于航海。在第二次世界大战中，德国成功研制了小型测向仪，将其装在轰炸机上来测量伦敦广播电台的信号方向，并以此为导航实现了对伦敦的轰炸，这是无线电测向技术在军事领域的首次应用。战争中，战争国家竞相研制和改进机载测向设备，大大推进了测向技术的发展，其中就包括著名的哈夫-达夫高频测向仪。第二次世界大战以后，各国都很重视无线电测向技术的研究，不断将新技术和新器件应用到无线电测向设备中。20世纪40年代初期，人们开始了多普勒测向机的研发。50年代末到60年代初期，人们开始把测向机应用在航空飞行安全领域。随着测向技术和数字信号处理技术的发展，测向仪也从早期的单通道向多通道发展，并在各个领域得到了广泛的应用。

尽管在有些领域中干涉仪是一台独立的仪器，单独完成测向与数据分析，但在雷达对抗领域并非如此，干涉仪是雷达对抗装备的组成部分，与其他组件共同完成作战任务。

常见的测向体制可以分为两大类：一类是搜索式测向，另一类是瞬时测向，如表5-1所示。

表5-1　两类测向体制优缺点

测向体制类型	原理	优点	缺点
搜索式测向	通过接收天线的波束运动来检测辐射源，测量辐射源所在方向	1. 由于波束运动要求覆盖的空域较小，天线和接收机的数量可以较少，甚至只有一个，系统组成简单 2. 由于天线在对应时刻仅照射一个小范围的空域，起到了在空域中的信号分选作用 3. 允许设计天线波束为一窄波束时，可以利用较大的天线口面，产生较大的天线增益，从而增加系统的灵敏度，便于接收微弱信号	需要一定的时间来完成，所以必定存在对侦查对象的截获概率问题
瞬时测向	通过对信号相对振幅、相位、时间进行比较计算信号方位。这是由于信号方向是信号本身具有的特征，并不依赖一定长短的信号时间。	1.即使侦察对象存在时间非常短也可以进行测向，即具有瞬时性，无需搜索即可完成测向任务使它的信号截获概率很高 2.适应电子对抗面临的信号短暂、多变的应用场景 3.多个天线和信号之间的相对振幅、相位、时间是稳定的，因此只要提取得当，算法得当，测量结果将是比较准确和稳定的	通过对多个天线接收的信号比较处理来完成测向

现代测向仪基本都是瞬时测向体制，这种体制在工程上可以分为三种方法：比幅法、比相法和时差法，还有更多的由它们组合或者混合形成的其他形式。

比幅法为采用幅度比较的瞬时测向体制，是通过比较多个测量信号的相对幅度来判断方向的。多信号之间幅度一致性比较容易实现，因此这种方法相对而言较简单。如果天线的幅度方向图特征对频率不敏感，测向甚至可以不依赖于测频，因此比幅法较适合宽频带工作。但由于固定孔径的天线振幅方向图总是与频率相关，雷达侦查设备工作带宽很大，比幅法实施测频校正的工作量很大，且容易受到安装平台物理遮挡的影响，因此测向的精度一般不是很高。

比相法为采用相位比较的瞬时测向体制，它利用不同天线在空间的物理位置不同，将方向角转换为同一信号达到各天线阵元的相位差，然后通过测量相位差获取信号的方位角信息。比相法在将方位转换成信号相位差的过程中，可以增加基线长度与波长的比值，从而使相位差对方位角非常敏感，达到较高的测向精度。由于多信道间的相位一致性比幅度一致性的工程实现要难一些，因此比相法测向技术的工程实现难度要比比幅法测向技术高。此外，相位差大于2π时会产生模糊。

时差法为采用时间比较的瞬时测向体制，利用不同天线在空间的物理位置不同，将方向角转换为同一信号达到各天线阵元的时间差，然后通过测量信号达到时间差来获取信号的方位角信息。由于方位角与时间差之间的变换方式是距离除以电磁波速度，且电磁波速度很大，经变换后的时间差数值很小，所以时差法测向的关键技术是对较小时差的精确测量。为了提高测向精度，通常基线比较长，采用分布式系统，但各天线间的时基难以统一。

现代测向仪的种类繁多，每种测向仪的体制也各有不同。在这些测向仪中，以比相法为测向体制的干涉仪具有测角范围广、测向精度高、实时性好、灵敏度高、结构简单、原理清晰、观测频带宽、能被动测向等优点，被广泛应用于导航、电磁环境监测、电子对抗、雷达、航空航天等军事领域的测向系统中。在军事领域，它能对雷达、机场、导航发射场等装备无线电通信设备的军事设施进行侦查定位，以便实施针对性的电磁波干扰或者火力打击；在民用领域，它能在交通、航海、抢险救灾、天文观测等应用中发挥重要的作用。

比相法测向的原理将在下一节详细介绍，比幅法和时差法测向在工程中也有一定程度的应用，这里简单阐述两者的原理。

5.1.1 比幅法测向

两天线波束的轴向间形成的夹角为θ_S，其加差点角度为$\theta_S/2$，两个天线的方向图函数分别为$F_A(\theta)$和$F_B(\theta)$。其原理如图5-2所示，假设辐射源辐射到侦察天线接收处的信号幅度为$A(t)$，接收机增益分别为K_A和K_B，则两接收机电路检波后得到的视频包络输出分别为：

$$L_A = K_A A(t) F_A \left(\frac{\theta_S}{2} - \theta \right)$$

$$L_B = K_B A(t) F_B \left(\frac{\theta_S}{2} + \theta \right)$$

将信号进行对数放大后，通过一个减法器进行除法运算，减法器输出为：

$$Z = \lg L_A - \lg L_B = \lg \frac{K_A}{K_B} + \lg \frac{F_A\left(\frac{\theta_s}{2} - \theta\right)}{F_B\left(\frac{\theta_s}{2} + \theta\right)}$$

若已知方向图函数F_A和F_B，则可以从Z中解算出θ。

对于不同天线，其方向图函数也不同，这里以雷达对抗装备常用的宽带螺旋天线为例，其方向图函数为：

$$F_A(\theta) = F_B(\theta) = \exp\left(-\frac{4K\theta^2}{(\theta_{0.5})^2}\right)$$

式中K是比例常数，$\theta_{0.5}$为天线半功率波束宽度。将式代入式得：

$$Z = \lg \frac{K_A}{K_B} + \frac{8\theta_s\theta K\lg e}{(\theta_{0.5})^2}$$

若$K_A = K_B$，可以化简得：

$$\theta = \frac{(\theta_{0.5})^2 Z}{8\theta_s K\lg e}$$

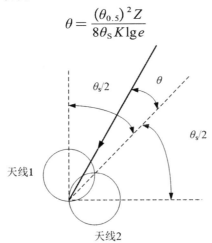

图5-2　比幅法测向原理

5.1.2　时差法测向

假设平面两天线间距离为L，辐射源与两天线间距分别为r_1和r_2，如图5-3所示，与比相法不同，L通常较大，所以雷达辐射的电磁波到达两天线的夹角也不同。

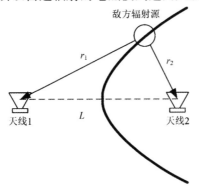

图5-3　时差法测向原理

假定某时刻敌方雷达发射的信号分别经时间 t_1 和 t_2 后被天线 1 和 2 接收,两天线收到同一雷达信号的时间差为:

$$\Delta t = t_1 - t_2$$

式两边同乘以光速 c 得到对应的距离差:

$$\Delta r = r_1 - r_2 = c\Delta t$$

根据解析几何相关知识可以得出,在平面上某一固定的距离差可以确定一条以两个天线为焦点的双曲线:

$$\frac{x^2}{\frac{\Delta r^2}{4}} - \frac{y^2}{\frac{L^2 - \Delta r^2}{4}} = 1$$

即敌方辐射源可以被定位在双曲线上,因此,如果平面上有三个天线,就可以确定两条双曲线,这两条双曲线在平面上最多只能有两个交点。若只有一个交点,则不存在定位模糊,交点处即为敌方雷达的位置,继而可以推算出雷达相对天线的角度;若存在两个交点,则可以再增加一个天线解模糊。

5.2 一维单基线干涉仪测向原理

单基线干涉仪测向系统由两个信道组成,如图 5-4 所示,连接两个信道的接收天线的电中心的连线称为基线,两个信道的接收天线之间的距离即基线的长度为 L。

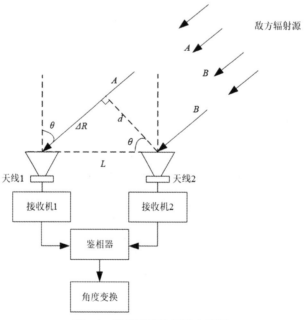

图 5-4 单基线干涉仪测向原理

敌方辐射源在某一时刻发射雷达信号,由于敌方辐射源与接收天线之间的距离远大于L，所以入射到两个接收天线的电磁波A和B近似为平面波且相互平行，它们与接收天线轴线之间的夹角都为θ。

从天线2向天线1朝辐射波方向作一根垂线段，长度为d，则d与L之间的夹角同样为θ。电磁波A到达天线1所走过的距离比B到达天线2的距离要长，这个距离的差值就是波程差，即为$\triangle R$，由图可知$\triangle R=L\sin\theta$。

由于A和B是同一时刻产生的，且行程不同，所以两个天线接收到的电磁波信号之间存在相位差Φ。如果两个接收天线的接收通道完全一致，且两个接收天线的信号位于同一个波长周期内时，则传输到鉴相器的两个电信号的相位差的输出的$\varphi=\Phi$。

测量得到雷达的信号频率为f，据此可确定电磁波的波长为

$$\lambda = c/f$$

其中，λ为波长，f为电磁波的频率，c为光速。根据$\varphi/2\pi=\triangle R/\lambda$即可以得到$\sin\theta=\varphi\lambda/2\pi L$，即

$$\varphi = 2\pi L \sin\theta/\lambda$$

可以解得

$$\theta = \arcsin(\varphi\lambda/2\pi L)$$

需要注意的是，由于两个接收天线之间的相位差可能不是位于同一个波长周期内，因此鉴相器输出的相位φ不一定等于Φ（Φ是接收天线之间的真实相位差），也就是$\Phi=\varphi\pm2k\pi$（k为某一正整数）。这将导致测量结果可能存在多个值，这种情况被称为"相位模糊"。例如，两个天线的真实相位差是$0.3\pi+2\pi$，也就是2.3π，但是受限于鉴相器，最终输出的相位差是0.3π。反过来说，如果输出的相位差是0.3π，真实的相位差可能是0.3π，2.3π，$4.3\pi\cdots$。

对公式求导可以得到

$$\Delta\theta = \frac{\lambda}{2\pi L \cos\theta}\Delta\varphi$$

$\Delta\theta$和$\Delta\varphi$分别指角度与相位的误差。当θ增大时，$\cos\theta$也随之增大，导致$\Delta\theta$也增大，如图5-5所示。即信号的入射角偏离天线视轴越大，在同等条件下，测向误差越大。所以通常规定干涉仪的测向范围是$[-45°，45°]$，特殊情况扩展到$[-60°，60°]$。

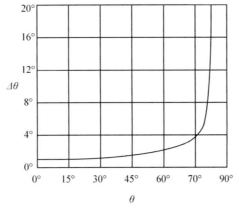

图5-5　入射角度与角度误差关系图

由公式可知，要扩大干涉仪的测向范围，必须减小两个接收天线之间基线的距离 L。从公式（4-8）可以看出，可以通过以下措施来提高干涉仪测向的精度。

1. 入射角度越小越好，干涉仪测向系统在接近垂直于基线的角度处，即图中 θ 越小时，测向精度越高；在越接近基线两端的角度，即图中 θ 越大时，测向精度越低。因此，为保证干涉仪的测向精度，干涉仪的测向范围（即 θ 的最大值）不宜过大，一般 θ 的绝对值应小于等于60度。

2. 频率 f 越高，波长 λ 越小越好，但是实际测向时，入射波的频率是由频率源决定的，且相对固定。

3. 相位误差 $\Delta\varphi$ 越小越好，实际测向时，鉴相器的鉴相误差由硬件决定，不能任意减小。

4. 基线长度 L 越长越好，在该公式中，最容易调整的是基线长度，如果要提高测向的精度，就要增加基线的长度。

5. 尽量保证两侧使用的器件一致，器件间连接电缆一致，各通道温度条件一致。在无法做到完全一致时也可通过在微波前端输入校正信号，修正各接收通道的相位误差；通过辐射信号的方式，修正天线及连接电缆的相位误差。

从前面的叙述中可以看出，如果要扩大单基线干涉仪的测向范围，应该减小两个接收天线之间基线的距离；但是如果要提高单基线干涉仪的测向精度，应该要增加基线的长度，测向范围和测向精度两个指标对于基线长度的要求正好是相反的，因此，单基线干涉仪不能解决测向范围和测向精度之间的矛盾。

5.3 一维多基线干涉仪测向原理

从一维单基线干涉仪的工作原理可以推导出，当天线间距 $L<\lambda/2$ 时，测向不会产生"相位模糊"，但是在宽带测向时，天线间距 L 太短的话测向精度会很低，即当 L 小于波长的一半时，测向将无法实现，这样就不可避免地引入了"相位模糊"。为了解决这个问题，常使用多基线进行测向，一维多基线测向方法包括长短基线法、参差基线法、虚拟基线法等。

5.3.1 长短基线法

长短基线法是采用多条基线，并选用长短基线相结合的方法进行测向，结合长基线和短基线的优势消除测向模糊。基线越长，测向精度越高，利用长基线保证测向精度；利用最短基线，消除测向模糊。如图5-6所示。

典型的多基线干涉仪采用五个天线，其中天线3和4参与辅助计算。天线1和天线2之间的基线长度为 l，$l<\lambda/2$，天线1和天线5之间的基线长度为 L。来波信号与五个天线的夹角都为 θ，电磁波 A 和 B 的真实相位差为 Φ_1，鉴相器输出的值为 φ_1。电磁波 A 和 E 的真实相位差为 Φ_2，鉴相器输出的值为 φ_2。

因为 $l<\lambda/2$，所以对 Φ_1 的测量不会产生"相位模糊"，即

$$\Phi_1 = \varphi_1$$

虽然只通过φ_1就可以算出入射角θ，但精度低。天线1和天线5之间的距离较远，所以对φ_2的测量会产生"相位模糊"，即

$$\Phi_2 = \varphi_2 \pm 2k\pi$$

根据公式，由于两基线长度不同，所以两者对应的相位差相差L/l倍，即

$$\Phi_2' = \frac{L}{l}\Phi_1$$

Φ_2'是Φ_2的粗值（有效位数更少的值），比如Φ_2是2.751π，Φ_2'是2.75π。联立上述三个方程即可得到Φ_2。

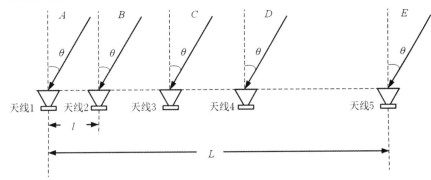

图5-6　长短基线测向原理

长短基线法就相当于用两把尺子去测量同一个长度，第一把尺子精度差，测量结果的有效位数只有一位，比如3cm。第二把尺子的精度高，但个位存在模糊，小数位是清楚的，即只知道小数位是0.3cm，但具体是1.3cm、2.3cm…不明确，把两把尺子结合起来就可以准确的得出长度是3.3cm。长短基线干涉仪用短基线解"模糊"，长基线保证精度，巧妙地结合了两者的优点，解决了瞬时视野与测角精度之间的矛盾。

长短基线法需要短基线的长度小于辐射源信号波长的一半，但是在宽带高频测向中，高频信号的波长较短，例如15GHz的信号频率，对应的波长为2cm，为了满足$L<\lambda/2$，需要天线1和天线2之间的距离小于1cm，这是难以实现的。因此，长短基线法不适用于在宽带高频测向系统中进行应用。

5.3.2　参差基线法

为了解决宽带高频测向系统中最短基线受到波长限制的问题，有学者提出了基于中国余数定理的参差基线干涉仪测向方法。构建多个基线组成的天线阵，各个基线之间的长度互为质数，由余数定理可以得到唯一的解，实现无模糊测向。

5.3.3　虚拟基线法

虚拟基线法是利用多个不同基线的相位差，通过加法或者减法的组合运算的方式，得到所要的长短基线长度的相位差，如图5-7所示，天线1和2、2和3之间的基线长分

别为 l_1 和 l_2，这等价于虚构了一个天线 6，其虚拟基线长度 $l_6 = l_2 - l_1$。这种方法得到短基线的等效尺寸可以小于宽带信号最高频率的半波长，从而得到无模糊的测向结果，利用短基线得到的无模糊测向结果依次去解较长基线的模糊，得到正确的测向结果；得到长基线的等效尺寸可以大于实际系统的限制，从而保证获得较高的测向精度。

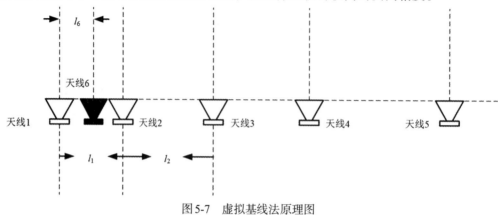

图 5-7　虚拟基线法原理图

5.4　多维相位干涉仪测向

一维相位干涉仪结构紧凑，原理简单，容易工程实现，但是也有部分缺点。比如长短基线法受限于小于信号半波长的基线无法在高频测向中直接物理实现；参差基线法要求天线间的基线间距满足互为质数的关系，摆放形式单一，且距离容易受到天线阵长度的约束，使用场合也相应受到限制；虚拟基线法需要较多的天线阵元辅助解模糊，给系统通道的一致性提出了更高的要求。一维相位干涉仪的缺点还包括无法区分前方与后方，测向的方位角范围只能为 ±90°，且来波有仰角时（例如机载测向、地对空测向等）会引入因仰角带来的测向误差。

为了克服一维相位干涉仪的缺点，二维和三维干涉仪相继被研发。不同维度干涉仪的区别在于天线的摆放形式，如图 5-8 所示，同样是四个接收天线，一维干涉仪是使四个天线排列为一条线，二维干涉仪是四个天线在同一个面上，三维干涉仪是使四个天线分布在立体空间中。

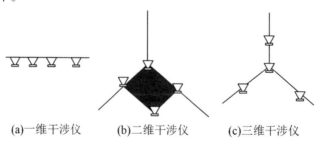

(a)一维干涉仪　　　(b)二维干涉仪　　　(c)三维干涉仪

图 5-8　不同维度干涉仪的天线摆放位置

二维相位干涉仪可以360°全方向测向，可以同时测方位角和仰角，不存在因仰角引起的测向误差。二维相位干涉仪布阵形式灵活，常用的布阵形式如图5-9所示，采用圆阵的好处是天线阵元位置互相对称，比较容易实现测试校正。但是二维相位干涉仪对于体积限制、重量限制、经济成本、系统的复杂度、数据处理和运算量都提出了更高的要求，工程实现的难度要大于一维相位干涉仪。

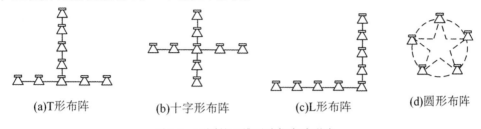

(a)T形布阵　　　(b)十字形布阵　　　(c)L形布阵　　　(d)圆形布阵

图5-9　不同的二维干涉仪布阵形式

三维正交干涉仪是一种新型的干涉仪，它除了可以测方位角和仰角，还可以测量来波的频率，其计算量更大，但对天线阵元的位置没有严格的限制，工程实现的难度要大于二维相位干涉仪。但是由于在雷达对抗装备中，有测频接收机和信号处理机专门测量频率，所以三维正交干涉仪目前还没有得到广泛的应用。

不同维度的干涉仪各有其优点，不同测向解模糊的算法也都有其局限性，因此在不同的干涉仪测向系统中，需要根据具体情况进行分析，选用适合的方法进行应用。

5.5　干涉仪标校原理

5.5.1　干涉仪测向系统标校目的

干涉仪测向体制具有测向精度高、技术成熟等优点，然而，构建干涉仪测向系统的最大难题是必须使通过各个天线和接收机的电路径尽可能一样长，因为方位角的测量精度取决于各个接收机输出信号间相位差的测量精度。这就要求通过天线、接收机的电缆长度与相位响应在所有信号强度，以及各种温度条件下都尽可能准确相等，但是这是非常困难的任务。在实际工程中，由于制造工艺和装配等问题总会造成各种信道的相位响应不一致，这将严重影响干涉仪测向系统的性能。

在干涉仪测向系统设计、制造、安装等各个环节，尽可能采取措施以避免误差的形成，对已存在的各种原因造成的误差要进行分析，尽力予以消除或者减小。从误差的性质来分析，所有误差均可以分解为系统误差和随机误差。随机误差部分在干涉仪测向系统的设计、制造等环节采取适当的措施予以减小，而系统误差部分则只能在后期采取适当的措施予以消除。干涉仪测向系统的测向误差与阵列设计、测向算法、阵列安装、武器平台的电磁环境等诸多因素有关，为了提高干涉仪测向系统的精度，不仅需要从以上环节予以改进，也需要通过标校来消除或者减小系统误差带来的影响。这种对系统误差

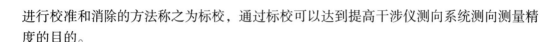

进行校准和消除的方法称之为标校，通过标校可以达到提高干涉仪测向系统测向测量精度的目的。

5.5.2 干涉仪测向系统标校原理

干涉仪阵列的标校一般分为动态标校法和静态标校法。动态标校法是在实际飞行中对指定频率和位置的信号源进行测试，它与实际运行状态最为接近，能最大限度消除系统误差，缺点是标校数据重复性差且实施成本高，载机的运动也会对标校精度有影响。地面静态标校法具有精度高、数据重复性好、成本较低等特点，且能避免载机运动的影响。目前干涉仪标校以静态标校为主。

标校的任务是消除每个接收天线通道的相位误差，获得一个相位误差修正表。由于同一个接收天线通道在不同辐射源频率下的误差是不一样的，所以误差修正表是不同通道不同频率的二维表。通常的做法是：将不同频率辐射源置于阵列的法线方向（即干涉仪的正前方0°位置），理论上，由于辐射源和天线之间的距离远大于天线阵的最长基线，所以到达各天线口面的电磁波是同相的，即各通道之间相位差为0。但是实际上存在误差，因此以第一个通道为基准，计算其他通道和第一通道的相位差，制作误差修正表存储入信号处理机内，如图5-10所示。

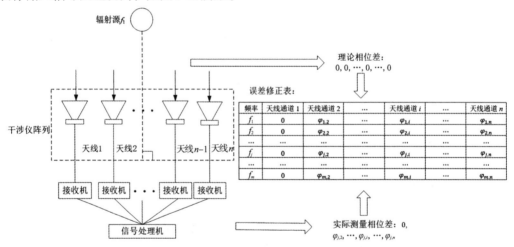

图5-10 干涉仪标校原理

以后每次测量时都需要用测得的相位差加上误差修正表的数值，再通过方位的解算算法，得出辐射源的方位。在获得修正表后，为了检验修正表是否准确可靠，通常会改变辐射源所在角度和频率，比对辐射源的真实方位与干涉仪测向系统测出的方位，若差值仍然很大，则说明标校失败，需要重新标校，如图5-11所示。

为了准确地知道辐射源的真实方位，干涉仪的标校还需要利用定位仪器（如全站仪、激光跟踪仪等）测量阵列和辐射源在空间中的位置，即三维的空间坐标。辐射源可以视为一个点，只需要一个坐标来描述，但阵列多为平面阵列，需要两个点的坐标来描述。测量阵列上固定点坐标之前需要揭开载机蒙皮，标校同一机型的干涉仪阵列时，如果多次揭开载机蒙皮进行测量会使得操作复杂化。为简化标校，选择载机外表面上两个易于坐标测量的固定点，利用坐标反推的方法获取阵列上两点的坐标。如图 5-12 所示。

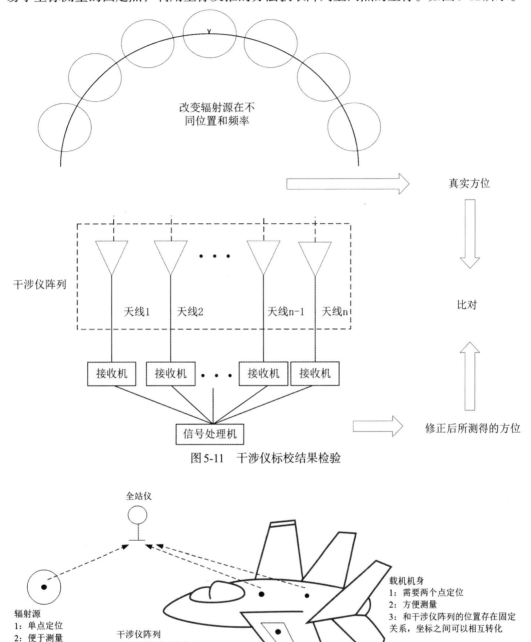

图 5-11　干涉仪标校结果检验

图 5-12　全站仪定位原理

5.5.3 标校的坐标变换与数据处理

干涉仪阵列标校系统中，主要存在着干涉仪阵列、载机、导航三个参考平面分别对应的阵列坐标系、载机坐标系和导航坐标系。载机坐标系 (X, Y, Z)、干涉仪阵列坐标系 (x, y, z) 与导航坐标系 (N, E, D) 的关系如下：

$$\begin{pmatrix} N \\ E \\ D \end{pmatrix} = C_B^N \begin{pmatrix} X \\ Y \\ Z \end{pmatrix} = C_B^N C_A^B \begin{pmatrix} x \\ y \\ z \end{pmatrix}$$

其中

$$C_B^N = T(\beta_c) R(\gamma_c) H(\alpha_c) \qquad C_A^B = T(\beta_a) R(\gamma_a) H(\alpha_a)$$

$$H(\alpha) = \begin{bmatrix} \cos\alpha & -\sin\alpha & 0 \\ \sin\alpha & \cos\alpha & 0 \\ 0 & 0 & 1 \end{bmatrix}$$

$$R(\gamma) = \begin{bmatrix} 1 & 0 & 0 \\ 0 & \cos\gamma & \sin\gamma \\ 0 & -\sin\gamma & \cos\gamma \end{bmatrix}$$

$$T(\beta) = \begin{bmatrix} \cos\beta & 0 & -\sin\beta \\ 0 & 1 & 0 \\ \sin\beta & 0 & \cos\beta \end{bmatrix}$$

α_a、β_a 和 γ_a 分别为阵列的三个安装角，α_c、β_c 和 γ_c 分别为载机坐标系的航向角、横滚角和俯仰角。

干涉仪阵列上的两个固定点是建立阵列坐标系的基准点，以这两固定点的连线为 x 轴，连线的中垂线为 y 轴依照右手定则构成干涉仪阵列坐标系，其中 x 轴正向指向机头。标校系统对信号源的直接测量结果是基于干涉仪阵列坐标系，而干涉仪测向系统给出的测向结果也是基于导航坐标系，所以需要根据变换公式进行转化，都在导航坐标系比对。

两点法标校干涉仪阵列的前提条件有两个，一是干涉仪阵列的安装平面与载机基准平面一致，二是标校过程中需要利用专用设备将载机顶平，以消除载机俯仰角和横滚角对标校数据的影响。

此外，阵列上两点的坐标测量误差对于阵列坐标系的精度有较大影响，因此在测量固定点的坐标时，需要多次测量取平均值。由于阵列的安装平面与载机的基准平面一致且处于水平，因此阵列上两固定点的高度坐标在误差范围内应该是相等的，通过判断此两点的高度值之差是否小于误差限，可以确定标校数据是否可信。

干涉仪阵列坐标系如图 5-13 所示，其中点 S 为信号源，S' 为 S 在阵列平面上的投影，A 和 B 为阵列上的两个点。x 轴正向到 OS' 的角为 ε，OS' 的长为 r，假设标校某型干涉仪阵列时，测得 A、B 两点坐标分别为 (x_a, y_a, h_a)、(x_b, y_b, h_b)，信号源 S 的坐标为 (x_s, y_s, h_s)，信号源在干涉仪阵列坐标系的坐标为 $S_{TA} = (x_{sa}, y_{sa}, h_{sa})$，在导航坐标系中

的坐标为 $S_{TN}=(x_{sn}, y_{sn}, h_{sn})$，$\theta_N$ 和 Ψ_N 分别为信号源在导航坐标系中的方位角和俯仰角。

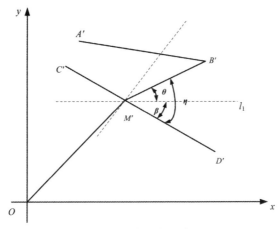

图 5-13　坐标反推示意图

通过 r 和 ε 可以得到 S_{TA}：

$$S_{TA}=\left[r\cos\varepsilon \cdot r\sin\varepsilon \cdot h_s - \frac{h_A+h_B}{2}\right]^T$$

其中 r 和 ε 分别为

$$r=\sqrt{\left(\frac{x_A+x_B}{2}-x_S\right)^2+\left(\frac{x_A+x_B}{2}-x_S\right)}$$

$$\varepsilon=\arctan\left(\frac{k_2-k_1}{1+k_1k_2}\right)$$

其中 k_1 和 k_2 分别为直线 AB 和 OS' 的斜率，利用变换矩阵 $C_B^N C_A^B$ 可以求得 S_{TN} 为

$$S_{TN}=C_B^N C_A^B S_{TA}$$

进一步利用三维坐标 S_{TN} 可以求得

$$\theta_N=\arctan\left(\frac{y_{SN}}{x_{SN}}\right)$$

$$\Psi_N=\arctan\left(\frac{h_{SN}}{\sqrt{x_{SN}^2+y_{SN}^2}}\right)$$

对于非首次标校的机型，标校时只需测量载机外表面上两点的坐标，利用坐标反推可求得阵列上两点的坐标。坐标反推平面示意图如下所示，其中 C' 和 D' 两点为载机外部两固定点 C 和 D 在水平面上的投影，A' 和 B' 两点为阵列上两点的投影，点 M 为线段 CD 的中点，M' 为 M 点的投影，l_1 为过点 M' 平行于轴的直线。

计算 B 点的三维坐标 $H_{TB}=\left[x_B, y_B, h_B\right]^T$ 的简要过程如下：S_{TM} 为本次标校测得的 M 点坐标，r_1 为线段 $M'B'$ 的长，h_{BM} 为 BM 两点的高度差，那么：

$$H_{TB} = S_{TM} + \begin{bmatrix} r_1 \cos\theta \\ r_1 \sin\theta \\ h_{BM} \end{bmatrix}^T$$

其中 $\theta = \eta - \beta$，η、r_1 和 h_{BM} 可通过首次标校时测得的固定点坐标计算得到，β 可通过本次标校测得的 CD 两点坐标计算得到。同理可以计算 A 点的三维坐标 H_{TA}。

利用标校系统给出的方位角和俯仰角的准确值，可以求出干涉仪阵列在不同频点的系统误差和随机误差，方位角的系统误差 $\overline{\theta}$ 和随机误差 σ 可由下式求得：

$$\overline{\theta} = \frac{1}{N} \sum_{i=1}^{N} \Delta\theta_i$$

$$\sigma = \sqrt{\frac{1}{N-1} \sum_{i=1}^{N} \left(\Delta\theta_i - \overline{\theta}\right)^2}$$

其中 $\Delta\theta_i = \theta_i - \theta_N$，$\theta_i$ 为第 i 时刻干涉仪阵列的测量结果，θ_N 为标校系统给出的准确值，N 为采样次数。测向最大误差 $\delta = |\overline{\theta}| + 3\sigma$。同理可以计算俯仰角的误差进行计算。

5.6　干涉仪标校实例

本节介绍干涉仪标校的两个实例，实例一以激光跟踪仪为定位仪器，实例二以全站仪为定位仪器，两者的异同如表5-2所示，下面分别介绍两者具体的标校流程。

表5-2　两种不同的标校方法

标校实例	相同点	不同点		
		定位仪器	信号源	标校时长
实例1	标校所涉及的原理基本相同，坐标变换方式相同	激光跟踪仪，需要在定位物体上安装靶标，定位精度高	外部信号源，辐射源与载机独立。通过软件进行程控，操作简单	由于信号源和载机通过网络通信，需要较长时间来稳定信号，所以时间长
实例2		全站仪，需要在定位物体上贴上反光贴片，定位精度低	内部信号源，辐射天线与载机通过长电缆和功放连接，需要手动配合设置参数，并不断调整测试参数，操作麻烦	由于信号源和载机通过电缆直接相连，信号稳定，时间短

5.6.1　标校的工程实例1

实例1的标校系统也叫干涉仪外场标校系统，它主要实现自动测向和系统调试两大功能。其中自动测向部分，可实现在点位以及信号参数值任意时，对辐射源方位角进行计算并与实时接收到的干涉仪阵列所测来波方向角进行对比。系统调试功能实现在测量点位固定时，信号频率、功率、脉宽、重频等参数在单参递增或递减式变化的情况下，计算辐射源方位角并与实时接收到的来波方向角进行比对。定位采用肉眼先粗调再精调，需要人工参与，定位精度和效率均不理想。

总体的系统组成原理如图5-14所示，主要由工控计算机、激光跟踪仪、信号源小车三部分组成，信号源与飞机的距离100米左右。

在外场安装好相关设备之后，首先在标校控制器上对激光跟踪仪参数（大气压、仪高、气温等）进行初始化；然后选定标校方案，标校方案主要包括变点定频、定点变频以及随机测量三种；随后测量载机外部两点的坐标来建立阵列坐标系，对于首次标校的机型，还需要测量阵列上两个固定点的坐标；接着在标校控制器的引导下，信号源小车移动到阵列的法线方向，到位之后发出不同频率的脉冲信号进行标校，标校完毕后移动小车到不同方位进行验证，将小车实际所在方位同干涉仪阵列的测量结果进行比对，若误差满足要求则说明标校成功，否则需要重新标校。

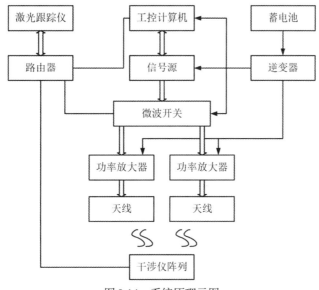

图 5-14　系统原理示图

定位的总体流程如下所示：

1. 设备的开设（准备工作）：激光跟踪仪开设、天线支架开设、系统电缆开设、测试附件开设；

2. 启动标校系统软件；

3. 系统调试：频率调试、功率调试、脉宽调试；

4. 自动测向与数据处理；

5. 设备的撤收（转场或结束时）：测试附件撤收、系统电缆撤收、天线支架撤收、跟踪仪撤收。

5.6.2 标校的工程实例2

实例2的干涉仪标校系统能完成干涉仪天线阵法向定位，并在干涉仪法向方向对干涉仪测向进行信号辐射和校准数据处理，同时，干涉仪校准完成后，能把辐射源置于固定的角度再对校准后的干涉仪测向进行测试验证。

干涉仪校准设备采用便携式笔记本电脑作为测试的校准控制核心，校准控制器通过总线与被测系统进行通信，通过把系统内部的校准源引出放大作为辐射源，把辐射源放置在干涉仪子系统方位的法向位置，对准干涉仪天线阵进行空间辐射，即可得到干涉仪方位的法向的校准数据。

系统中的内校准源采用射频电缆引出，满足系统的远场距离条件下，通过微波放大器对信号放大后进行空间辐射。内部信号源通过软件进行程控，标校速度快，操作简单。

采用全站仪可视化的精密测角、测距功能快速地把辐射源置于干涉仪法向的远场位置，可以得到可靠的校准数据与高精度的角度数据，同时使测量工作更加自动化，能大大提高外场使用效率。

设备工作时具有法向校准和校准后测向验证两种工作场景。

法向校准关键步骤如下：

1. 全站仪测量天线阵两端点和辐射源的三维坐标点；

2. 利用测量软件计算出当前辐射源与天线阵法向的偏角，以及辐射源与法平面的距离；

3. 根据测量软件指示，调节辐射源位置，把辐射源置于天线阵法平面之上；

4. 向被测系统发送校准命令，启动被测系统内校准模式；

5. 接收和处理校准数据，形成校准数据表；

6. 向被测系统上传校准数据表。

校准后测向验证的关键步骤如下：

1. 全站仪测量天线阵两端点和辐射源的三维坐标点；

2. 利用测量软件计算出当前辐射源与天线阵法向的偏角；

3. 向被测系统发送测向命令，启动被测系统测向模式；

4. 接收和处理测向数据，并显示结果。

表5-3 干涉仪测向校准设备组成表

序号	设备名称	备注
1	全站仪	用于干涉仪天线法向空间定位,含支架和反光贴片。
2	校准控制器	用于测向校准控制,含加固笔记本、测试控制软件。
3	微波功率放大器	用于校准源信号的输出功率放大,可通过电池组供电。
4	成套电缆和附件	含天线、天线支架、包装箱、测试电缆、对讲机。

使用全站仪标定被测目标位置，需要先给被测物体贴上反光贴片。全站仪首先以自身为原点建立三维坐标系，然后扫描贴片所在位置，通过坐标变换计算得到干涉仪法向

以及辐射天线位置。

全站仪定位原理和流程如下：

1. 在干涉仪天线（若蒙皮不易揭开，则在载机机身）和辐射源的端点上安装全站仪辅助测量专用贴片；

2. 现场组装全站仪并连接软件；

3. 用全站仪瞄准反射贴片测量贴片位置，测量出三维点坐标后，可以通过分析软件，进行基准线及中点的计算；

4. 建立以干涉仪天线中心点为坐标原点的坐标系，在软件中通过一个轴线（干涉仪天线的基准线），一个定位点，以全站仪调平后建立的大地水平面作为坐标系的另一个方向；

5. 测量安装在辐射源天线上的反射贴片的位置，可以得到该辐射源偏离干涉仪法平面的距离；

6. 角度分析，通过辐射源偏离法平面的距离计算出偏离法线的角度。

6

计量与装备计量保障

性能参数对于武器装备来说至关重要，它与作战效果密切相关。只有参数准确可靠时，武器装备才能达到预期的作战效果。前面的章节已经讨论过，如果某些性能参数稍有变化，就会极大地影响战术指标，所以必须要保证这些参数的准确性。通常来说，装备投入使用时的参数都是准确的，但经过一段时间的使用，原先的设定值很可能已经发生偏离，倘若不校准，装备的作战能力将会大打折扣，所以必须进行装备计量保障。

装备的计量保障是为保证装备性能参数的量值准确一致，实现测量溯源性和检测过程受控，确保装备始终处于良好的技术状态，具备随时准确执行预定任务的能力，而进行的一系列管理和技术活动。开展计量保障工作，是提升装备研制质量和综合保障能力的重要途径。本章介绍的装备计量保障主要包括检测和校准两个方面，检测是为确定一种或多种特性、确定和隔离实际的或潜在的故障、判断是否符合要求，对被测单元按照规定的程序进行测试、测量、诊断、评估或检验；校准是指在规定条件下，确定测量仪器、测量系统所指示的量值或实物量具、标准物质所代表的量值与对应的测量标准所复现的量值之间关系的一组操作。

实行检测和校准的设备被称为检测设备和校准设备。它们可以完成装备保障的前提是量值具有溯源性且比武器装备的精度更高。这就好比，想要判断一块电子表的时间准不准，通常会用电视上国家的标准时间来比对，而不会选择普通的闹钟来比对。这是因为时间量值是世界统一规定的，具有传递性和溯源性，并且国家的标准时间位于精度更高的层级，而闹钟位于和电子表精度相同或更低的层级。

6.1 计量概述

6.1.1 计量的概念

第一章已经介绍过，计量是利用技术和法制手段实现单位统一和量值准确可靠的测量活动。计量的过程也即用标准的量具和仪器来校准和检定受检的量具和仪器，以衡量和保证使用受检量具和仪器进行测量时所获得测量结果的可靠性。计量的关键有两个，计量单位的定义和转换，量值的传递和量值的统一。

计量单位的定义和转化：计量单位主要包括国际计量单位和中国常用计量单位，其中国际计量单位由国际计量大会（CGPM）标定。

量值的传递和量值的统一：量值传递是由国家最高标准去统一各级计量标准，再由各级计量标准去统一工作用测量仪器，来实现量值准确一致的过程。

综上所述，计量有四个显著的特点：准确性、一致性、溯源性和法制性。

6.1.2　计量器具

计量器具是将计量学应用于实际的工具，一般被用来直接或间接地测出被测对象的量值，是计量的物质基础。例如，经过一年的使用，为了确保示波器的量值是否准确可靠，计量人员会用更高精度的仪器，例如示波器校准仪来对它进行检定，那么，这个更高精度的示波器校准仪就是计量器具。计量器具一般有两种划分方式，按种类划分和按作用划分。

6.1.2.1　按照器具种类划分

一种是根据器具的种类将计量器具划分计量仪器、量具、计量物质以及计量装置四类。

计量仪器是一种用来测量被测对象并得到其量值的方法或工具。通过不同类型的计量仪器，可以把被测对象不同类型的物理量以数值的形式量化，例如，卡尺、天平、温度计等。使用计量仪器时，需要人为不断的比对，找到最贴合的示值。

量具是实物量具的简称，是一种能以固定形式复现某种物理量的一个或多个已知值的计量器具。在量具的使用过程中，不需要人为地调整量具的某个参数，量具本身就代表某个具体数值的物理量，例如，5g的砝码，1Ω的电阻等。

计量物质指一种或多种足够均匀和确定了计量特性的物质，一般被用来测定相关物质的化学成分、物理化学特性、工程技术特性以及校准计量装置、评价计量方法等。

在实际工程中进行某项具体的计量任务时，单个的计量器具一般难以满足计量的需求，往往需要多种计量器具以及与这些计量器具相适应的辅助设备来共同完成计量任务。由这些计量器具以及相应的辅助设备构成的整体，被称为计量装置。例如，计量半导体材料电导率的装置、校准体温计的装置等。

6.1.2.2　按照器具作用划分

另一种是根据计量学的用途或在统一单位量值中的作用将计量器具划分为计量基准、计量标准以及工作计量器具。

计量基准也被称为原始标准或最高标准，是在特定领域内具有当代最高计量特性的计量标准，是计量的最高依据。按照量值传递体系，计量基准又可以分为主基准、作证基准、副基准、参考基准以及工作基准。

计量标准是指用于定义、复现或保存计量单位，一个或多个量值的实物量具、计量物质、计量仪器或计量系统。从定义上来说，计量标准的范围包括了计量基准的范围，但通常所说的计量标准指的是复现精度低于计量基准、用于检定其他计量标准或工作计量器具的计量器具。

工作计量器具主要指日常计量工作中用到的计量器具。

6.1.3　量值传递与量值溯源

将国家计量基准所复现的计量单位量值，通过检定和校准传递给下一等级的计量标准，并依次逐级传递至工作计量器具，以保证被计量对象的量值准确一致，称为量值传递。

量值传递由国家法制计量部门以及其他法定授权的计量组织或实验室执行。各国除设置本国执行量值传递任务的最高法制计量机构外，还需要根据本国的具体情况设置若干地区或部门的计量机构，以及经国家批准的实验室，负责一定范围内的量值传递工作。中国的量值传递的流程，如图6-1所示。

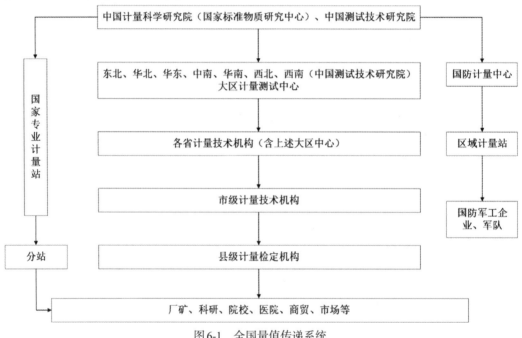

图6-1　全国量值传递系统

中国执行量值传递的最高法制计量部门为中国计量科学研究院，由国家计量局领导，各省、市行政区设置相应的计量机构，负责本地区的量值传递工作。此外，国务院所属部分有关部门也按行政系统和工程系统组织量值传递网，负责本系统的量值传递工作。例如，在无线电计量方面，有全国无线电计量协作组，并按就地就近的原则在全国原六大行政区设置了相应的计量协作组，组织跨行政部门的无线电量值传递工作。国防系统根据其特点建立了计量传递网，其基本参数的最高标准由国家计量基准进行传递。

量值传递一般都采取阶梯式的策略，即由国家基准或比对后公认的最高标准逐级传递下去，直到工作用计量器具。同时为保证量值传递中量值的准确一致，计量结果必须具有"溯源性"。溯源性表示计量结果必须具有能与国家计量基准或国际计量基准相联系的特性。溯源性是在检定操作的基础上，使工作计量器具逐级向上回溯标准的过程，是量值传递的逆过程。量值传递与量值溯源的关系如图6-2所示。

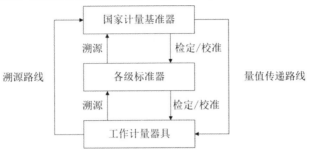

图6-2　量值传递与量值溯源的关系

6.2　计量相关法律法规

6.2.1　中华人民共和国计量法

《中华人民共和国计量法》是为了加强计量监督管理，保障国家计量单位制的统一和量值的准确可靠而制定的法律。它是有利于生产、贸易和科学技术的发展，适应社会主义现代化建设的需要，维护国家、人民的利益的法律。自1985年9月6日第六届全国人民代表大会常务委员会第十二次会议通过以来，《中华人民共和国计量法》与时俱进，于2018年10月26日第十三届全国人民代表大会常务委员会第六次会议第五次修正。

法律全文共六章，第一章阐明了立法宗旨和适用范围，第二章说明了计量基准器具、计量标准器具和计量检定，第三章说明了计量器具的管理规范，第四、第五章分别是计量的监督和相应的法律责任，第六章为附则。

2021年11月，《中华人民共和国计量法》征求意见稿发布，与之前的《计量法》相比，征求意见稿从法律上进一步明确了计量的地位、作用和使命，并将"测量"概念引入计量法，将传统计量概念扩展为实现全过程、全要素、闭环管理的"测量统一"概念，取消了计量标准的强制检定，同时鼓励和推动测量标准和计量器具国产化等等。

6.2.2　国防计量监督管理条例

立足于《中华人民共和国计量法》，国务院、中央军委于1990年4月5日联合发布施行《国防计量监督管理条例》，这是国家对国防计量工作实施监督管理的基本依据。条例共6章28条。其主要内容包括：

1.明确了该条例的立法依据和适用范围。该条例是根据《中华人民共和国计量法》中关于中国人民解放军和国防科技工业系统计量工作的监督管理办法制定的。军工产品研制、试验、生产、使用部门和单位必须执行本条例。

2. 规定了计量管理、技术机构及其职责。国防科技工业局计量管理机构，对国防科技工业系统国防计量工作实施统一监督管理；军工产品研制、试验、生产、使用部门计量管理机构，对本部门（行业）的国防计量工作实施监督管理；省、自治区、直辖市主管军工任务的部门的计量管理机构，对本地区的国防计量工作实施监督管理。

3. 规定了军工产品计量管理的程序及其措施。军工产品必须按规定实行计量检定，检定不合格的，不得使用。军工产品研制、试验、生产、使用部门和单位的计量技术机构的计量标准器具、计量检定人员、环境条件和规章制度，经有关管理机构组织考核认可并发给证书后，方可承担任务。条例规定了军工产品各阶段的质量评定、计量保证与监督的内容，明确了有关部门的职责，还规定了引进军事技术和进口武器装备及重大仪器设备，应同时引进必要的计量测试手段和技术资料。

4. 规定了违反该条例的处理原则。军工产品因计量器具准确度引起的纠纷，由国防计量管理机构组织仲裁检定，并负责处理；违反该条例的，由国防计量管理机构依照《中华人民共和国计量法》的有关规定进行处理；构成犯罪的，由司法机关依法追究刑事责任。

除此之外，相关条例还包括《国防计量工作管理条例》和《国防计量人员管理条例》等。

6.2.3 军队计量条例

《军队计量条例》是为了规范军队计量保障组织实施方式方法，构建覆盖军队计量各层次各领域的监督管理模式，提高部队备战打仗计量保障能力而制定的法规。自2021年1月1日起施行。

《军队计量条例》共9章44条，明确军队计量工作的主要任务、基本原则、管理分工等，优化运行机制，保证军队计量工作在新体制下顺利开展；健全军队计量技术机构、计量标准、计量检定人员、计量技术规范的建设管理，规范军队采购地方计量服务，全面重塑军队计量技术体系；规范军队计量保障组织实施方式方法，规定计量周期检定、保障目录、保障模式，明确监督管理要求，构建覆盖军队计量各层次各领域的监督管理模式，提高部队备战打仗计量保障能力。

6.2.4 装备计量保障通用要求 检测和校准

中国人民解放军总装备部于2004年批准了GJB 5109-2004《装备计量保障通用要求 检测和校准》，并于2004年7月1日开始施行。制定该标准是为了确保在论证、研制、采购装备时能够对装备保障用检测设备及其校准设备提出相应要求，确保装备的性能测试准确可信，确保装备各系统、分系统、设备运行时量值准确一致并具有溯源性，从而有效实施装备计量保障，使装备始终处于良好技术状态，具备随时准确执行预定任务的能力。立足于该标准，后续又发布了GJB 2739A-2009《装备计量保障中量值的溯源与传递》等补充内容。

6.3 装备计量相关术语

与装备计量相关的术语包括：测量、测试、检测设备、校准、测量标准溯源性、最大允许误差、不确定度、测试不确定度比等。大部分术语的介绍在本书的第一章已给出，这里主要介绍以下几个概念：检定与校准、计量确认和测试不确定度比。

6.3.1 检定与校准

检定与校准都是为了保证测量仪器的精确度、保障测量过程平稳进行而进行的操作，它们之间有所联系而又相互区别。

检定：各级计量部门根据检定规程的规定，对所属范围的各级计量器具的计量性能（准确度，灵敏度，稳定度等）进行评定，并确定是否符合规定的技术要求。这项工作称为计量器具的检定。使用计量器具的部门要对所使用的各种计量器具进行周期检定，以保证本部门的量值统一，并在规定的误差范围内与国家基准保持一致。

校准：校准是企业为了保证产品质量、提高市场竞争力，对与产品质量有关的计量器具及检测设备，按照实际使用的需要，依据计量校准规范或检定规程进行的检测活动。计量校准的要求完全取决于用户的需要，双方可用服务合同的形式对校准的相关需求予以规定。

表6-1展示了检定与校准的异同之处。

表6-1 检定与校准的异同

	长度	检定	校准
同	目的	保障仪器测量结果的准确可靠	
	计量标准	国家或国际基准	
异	特点	强制性(法律基础)	自愿性(市场服务)
	途径	自上而下的量值传递	自下而上的量值溯源
	范围	一定的地域或系统	某个企业
	技术依据	检定规程	校准规范或检定规程
	结果	判断是否合格,出具证书(检定周期或有效期)	给出测量结果以及不确定度,出具校准证书(不推荐校准周期)

值得注意的是，在计量领域中的校准与在一般工程应用中人们对于校准的认知是不一样的。在计量领域中，校准并不会对仪器进行任何的改动，得到的校准结果仅仅为仪器的测量结果以及不确定度。而在一般的工程领域中，人们常认为校准是将测试仪器进行校对之后，再对仪器示值进行修正以使其准确，比如仪器的自校准。本书中提到关于校准的概念都以计量领域中校准的概念为主。

6.3.2 计量确认

计量确认是为确保测量设备符合预期使用要求所需的一组操作。计量确认的目的是确保测量设备的计量特性满足测量过程的计量要求。预期使用要求，指的是对测量设备的性能的要求，包括测量范围、分辨力、最大允许误差等。也就是说，要想完成计量确认，首先必须知道预期使用要求，并且针对性选择标称测量范围、分辨力、误差等满足要求的测量设备，然后将测量设备送到具备相应资质和能力的计量技术机构进行校准，通过校准得出测量设备的实际计量特性的指标，再将测量设备的实际计量特性指标与预期的使用要求进行比较，确认其是否满足预期的使用要求。若满足，则计量确认结果为合格，该测量设备方可投入使用；若不满足，则计量确认结果为不合格。如果计量确认结果为不合格，需要更换测量设备，或者对测量设备进行必要的维修、调试后，再次进行校准，再将校准结果与预期使用要求相比较，判断其是否满足预期的使用要求。

6.3.3 测试不确定度比

被测单元与检测设备，检测设备与其校准设备之间的最大允许误差或测量不确定度的比值称为测试不确定度比。例如，一个被测单元的输出参数的最大允许误差为±8%，其检测设备的最大允许误差为±2%，其他影响因素均可忽略，可认为测试不确定度比为4：1。又如，一个被校检测设备的输出参数的测量不确定度为±5%，其校准设备的测量不确定度为1%，其他影响因素均可忽略，可认为测试不确定度比为5：1。

对被测装备或被校设备进行合格判定时，被测装备与检测设备、检测设备与其校准设备的测试不确定度比一般不得低于4：1。当检测设备只用于提供输入激励时，测试不确定度比可低于4：1的要求，最小值为1：1。

6.4 装备计量保障中量值的溯源与传递

6.4.1 概述

中国人民解放军总装备部于2009年批准了GJB 2739A-2009《装备计量保障中量值的溯源与传递》，并于2010年4月1日开始施行。该标准规定了装备计量保障中实施量值传递和溯源工作的一般要求，包括总要求、量值传递要求、计量溯源性要求、计量强制检定要求、军队测量器具等级图、量值溯源与传递等级关系图、计量覆盖率和计量受检率要求。该标准不仅适用于装备性能参数的溯源过程，也适用于检测设备、测量标准量值的溯源与量值传递过程。标准定义了两个新概念：军队测量器具等级图（以下简称等级图）和量值溯源与传递等级关系图（以下简称等级关系图）。

6.4.2　军队测量器具等级图

等级图包含以下四个方面：

1. 定义：等级图是对军队最高测量标准到各等级其他测量标准直至检测设备或装备的量值传递关系做出的技术规定。

2. 适用情况：量值传递和溯源应符合国家计量检定系统表的要求，若参数量值的溯源关系不能满足军队特殊需求时，应绘制参数的等级图。

3. 对内容的要求：军队测量器具等级图明确了军队最高测量标准与下一级测量标准直到检测设备、装备性能数量值传递的测试不确定度比等级关系、量值传递的测量器具。表明了最高测量标准、测量标准、检测设备、装备之间的量值传递主从关系。它由文字和框图构成。军队测量器具等级图所确定的量值传递的不确定度要求、工作测量器具综合考虑部队推广的实用性、经济性、可靠性和可行性。当原有的标准不符合时应重新编制。

4. 对相关部门的要求：装备主管部门依据军队测量器具等级图配置满足需要的检测设备、测量标准，以确保装备性能参数的量值统一。除此之外，军队测量器具等级图必须由军队计量主管部门组织制定（修订）和颁布。

6.4.3　量值溯源与传递等级关系图

等级关系图包含以下四个方面：

1. 定义：等级关系图是计量技术机构编制的本级测量标准向上级测量标准进行溯源和向下级测量标准、检测设备或装备进行量值传递的关系图。装备计量保障应按照等级关系图中确定的测试不确定度比和量值传递与溯源关系开展工作。

2. 适用情况：计量技术机构和装备技术保障单位应根据所属单位的装备、检测设备和测量标准的计量保障要求，编制等级关系图。在新配置或新采购装备、检测设备和测量标准及建立测量标准时，在制定计量保障方案时应绘制相应的等级关系图。

3. 对内容的要求：等级关系图所确定的测试不确定度比、计量检定或校准技术文件等要素应与计量强制检定目录要求的相关内容一致。等级关系图清晰准确描述装备、检测设备及测量标准之间的量值传递与溯源关系和技术要求，一般描绘为三层，如图6-3所示。多参数溯源时应该分别绘制等级关系图，各级测量器具的溯源链符合国家计量检定系统表或等级图，等级关系图中任何一层改变时都需要及时更改。

4. 对相关部门的要求：等级关系图由本级计量技术机构绘制，本级计量技术机构的相关标准应该可溯源至上级计量技术机构，所选择的上级计量技术机构应该是主管部门认可的。

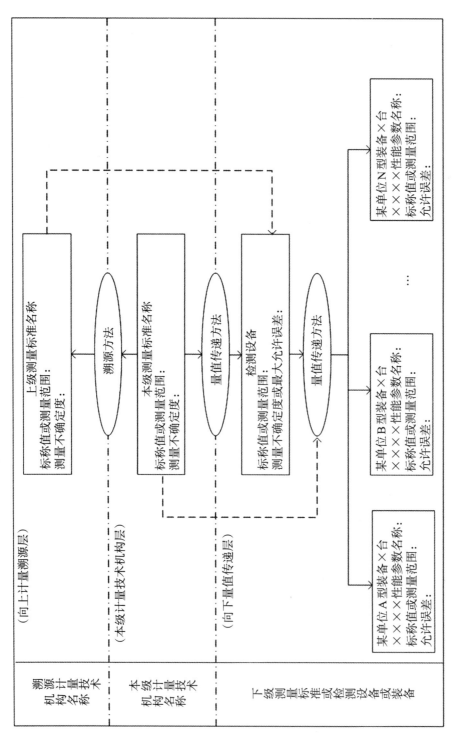

图 6-3　量值溯源与传递关系等级图绘制方式

6.5 装备计量保障通用要求 检测和校准

6.5.1 概述

GJB 5109-2004《装备计量保障通用要求 检测和校准》规定了装备、检测设备及其校准设备的检测和校准要求，包括总要求、装备检测和校准要求、检测设备要求、校准设备要求、准确度要求，以及装备检测和校准需求汇总要求。该标准不仅适用于军方在论证、研制或者采购装备时，提出相应的计量保障要求；也适用于为保证装备性能参数的量值准确一致并具有测量溯源性而实施有效的计量保障。

该标准明确规定订购方应要求承制方在装备研制阶段，按照装备使用要求，编制《装备检测要求明细表》，并按测试不确定度比要求，编制《检测设备推荐表》《校准设备推荐表》和《装备检测和校准需求汇总表》，同时订购方应组织军队计量技术机构参与对《检测设备推荐表》和《校准设备推荐表》的评审。

6.5.2 装备检测要求明细表

为了确保装备具有准确执行预定任务的能力，凡是影响装备功能、性能的项目或参数都应进行检测和校准。装备的检测应满足性能测量、状态检测和故障诊断等需求，符合测量溯源性要求。具体来说，承制方应对需要检测的系统、分系统和设备，包括装备中需要校准的参数、机内测试设备和内嵌式校准设备，制定《装备检测需求明细表》。

装备检测需求明细表

被测装备名称：_____

被测系统名称：_____ 被测分系统名称：_____ 被测设备名称：_____

生产单位：_____

型号或规格：_____ 出厂编号：_____

项目或参数	使用范围或量值	使用允许误差	环境要求	备 注

注：需检测的关键参数在备注中注明。有特殊要求或需要对有关问题进行说明时可另加附件。

编制人：_____ 审核人：_____ 批准人：_____ 编制日期：_____ 编制单位(加盖公章)：_____

图6-4 《装备检测需求明细表》

《装备检测需求明细表》如图6-4所示，包括以下内容：

1. 表头部分

被测装备的名称，被测系统的名称，被测分系统的名称，被测设备的名称，生产单位，型号或规格，出厂编号。

2. 项目或参数

装备必须检测的项目或参数。通常是装备的主要技术指标，如输入、输出或其他具有测量单位的量（如电压、电流、频率、功率、压力等）。

3. 适用范围或量值

装备主要技术指标所规定的量值范围或量值。

4. 使用允许误差

装备使用所允许的最大误差范围。

5. 环境要求

装备检测所要求的环境条件。

6. 备注

对直接影响装备作战效能、人身与设备安全的参数在备注栏中应明确标识。

7. 附件

表述装备检测所需的有关文件、检测中的特殊要求及需要说明的问题。

8. 表尾部分

编制人、审核人和批准人的签字，编制日期，编制单位。

《装备检测需求明细表》编制后，承制方还要对其进行评审并保留评审记录。评审内容主要包括：检测项目和参数是否必要、齐全；系统、分系统和设备之间技术指标是否协调、合理；检测是否能够实现等。

6.5.3 检测设备推荐表

标准规定凡是定量要求的检测设备应按照规定的周期进行校准，并在有效期内使用。所有检测设备应经过计量确认，证明其能够满足被测装备的使用要求，同时检测设备的准确度应高于被测装备的准确度。具体来说，承制方应根据经评审通过的《装备检测需求明细表》，选择能满足装备检测要求的检测设备，并编制《检测设备推荐表》。

图6-5 《检测设备推荐表》

《检测设备推荐表》如图6-5所示，包括以下内容：

1. 被测装备名称，被测系统，被测分系统及被测设备的名称、型号（应是装备命名的型号）和生产单位；

2. 检测设备名称、型号和生产单位；

3. 检测设备测量的参数、测量范围和最大允许误差；

4. 检测依据的技术文件编号和名称；

5. 备注，应注明是"通用"设备还是"专用"设备；

6. 必要时，可另加附件对有关问题进行说明；

7. 编制人、审核人和批准人的签字，编制日期，编制单位。

《检测设备推荐表》编制后，应由承制方进行评审。

6.5.4 校准设备推荐表

标准规定所有用于对装备检测设备进行校准的校准设备，都应溯源到军队计量技术机构或者军方认可的计量技术机构保存的测量标准，并应提供有效期内的校准证书或检定证书，证明符合测量溯源性要求。当无上述测量标准时，可溯源到有证标准物质、约定的方法或者各有关方同意的协议标准等。当需要由若干校准设备组成校准系统保障检测设备时，应当对整个校准系统的技术指标及其测量不确定度进行分析和评定。具体来说，承制方应根据经评审通过的《检测设备推荐表》编制用于保障检测设备的《校准设备推荐表》。

校准设备推荐表

被校检测设备名称/型号	校准设备名称	型号	参数	测量范围	测量不确定度或最大允许误差、准确度等级	校准依据的技术文件	备注

注：需要进行不确定度说明时，可另加附件。

编制人：_____ 审核人：_____ 批准人：_____ 编制日期：_____ 编制单位(加盖公章)：_____

图6-6 《校准设备推荐表》

《校准设备推荐表》如图6-6所示，包括以下内容：

1. 被校检测设备的名称和型号；

2. 校准设备名称、型号、参数、测量范围、测量不确定度（最大允许误差、准确度等级）；

3. 校准依据文件的编号和名称（包括检定规程或者校准规程等）；

4. 备注；

5. 必要时，可另加附件对有关问题进行说明；

6. 编制人、审核人和批准人的签字，编制日期，编制单位。

承制方应对《校准设备推荐表》进行评审。订购方组织军队计量技术机构依此分析现有校准设备资源的情况，对需要研制或者订购的校准设备提前安排。

6.5.5 装备检测和校准需求汇总表

标准规定承制方应根据所研制装备的检测和校准需求，汇总《装备检测需求明细表》《检测设备推荐表》和《校准设备推荐表》的内容，编制《装备检测和校准需求汇总表》，为军队提供实施计量保障的依据，以确保对装备进行必要的检测和校准，保障测量溯源性。

装备的检测和校准需求汇总表

被测装备名称：_____
被测系统名称：_____   被测分系统名称：_____   被测设备名称：_____
生产单位：_____   型号或规格：_____   生产代码或出厂编号：_____

装备			检测设备				校准设备				
项目或参数	使用范围或量值	使用允许误差	名称和型号	参数和测量范围	最大允许误差	检测依据的技术文件	名称和型号	参数	测量范围	测量不确定度或最大允许误差、准确度等级	校准依据的技术文件

编制人：_____   审核人：_____   批准人：_____   编制日期：_____   编制单位（加盖公章）：_____

图6-7   《装备检测和校准需求汇总表》

《装备检测和校准需求汇总表》如图6-7所示，包括以下相关的三部分内容：

1. 装备应给出被测装备及其系统、分系统和设备名称、被测项目或参数、使用范围或量值、使用允许误差；

2. 检测设备应给出所用检测设备的名称和型号、参数和测量范围、最大允许误差或准确度等级、检测依据的技术文件；

3. 校准设备应给出所用校准设备的名称和型号、参数、测量范围、测量不确定度（或者最大允许误差、准确度等级）、校准依据的技术文件。

《装备检测和校准需求汇总表》应是对装备系统、分系统、设备以及检测设备和校准设备的检测和校准需求的技术总结，检测设备和校准设备的参数和测量范围应覆盖被测装备相应参数和适用范围。

6.5.6 表格填写实例

图6-8给出了一个装备的计量保障实例，该实例满足检测设备的准确度高于被测装备的准确度，被测装备与检测设备的测试不确定度比大于4∶1。校准设备可溯源到军队计量技术机构或者军方认可的计量技术机构保存的测量标准，具备有效期内的校准证书与检定证书。检测设备与其校准设备的测试不确定度比大于4∶1。

被测装备名称：　XX型装备
被测系统名称：　XX型系统
被测分系统名称：　XX型分系统
被测设备名称：　XX型设备
生产单位：　XX单位　型号或规格：　XX型号　生产代码或出厂编号：　XXX

装备的检测和校准需求汇总表

装备			检测设备				校准设备				
项目或参数	使用范围或量值	使用允许误差	名称和型号	参数和测量范围	最大允许误差	检测依据的技术文件	名称和型号	参数	测量范围	测量不确定度/试量最大允许误差/准确度等级	校准依据的技术文件
直流电压、直流电流（供电）	直流电压 270V；直流电流（0~10）A	直流电压±10%；直流电流±6%	直流稳压电源 SGI400X12D-0AA A	直流电压（0~400）V；直流电流（0~12）A	直流电压：±1.5%；直流电流：±1.5%	该装备对应的产品规范	高精度交直流电流表 DBL-1000A，数字多用表 3440A，直流电子负载 IT8831B	直流电压、直流电流	直流电压：10mV~1000V；直流电流：10mA~300A	直流电压：±0.004%；直流电流：±0.06%	JJG(军工)77-2015《直流镉压电源检定规程》
			三用表 Fluke179	直流电压（0~1000）V	直流电压 0.15%×读数+2字	该装备对应的产品规范	多功能校准仪 5720A、5725A	直流电压	直流电压测量范围：10mV~1000V	直流电压：±(4.4×10^{-4}~7.8×10^{-6})	JJF1587-2016《数字多用表校准规范》

图6-8　《装备的检测和校准需求汇总表》实例

7

自动测试设备简介

随着高新技术的快速发展，现代雷达对抗装备的信息化程度不断提升，结构愈发复杂，其众多的性能参数很难通过手动方式进行全面测试，导致雷达对抗装备的维护保障极为困难。如何通过先进的计算机控制手段实现快速的自动测试，已成为雷达对抗装备维护保障面临的重要问题。本章将主要对自动测试系统的基本概念、发展历程、现代体系结构、评价指标、总线技术、开发软件平台以及未来发展进行简要介绍。

7.1　概　　述

7.1.1　自动测试简介

与测试有关的因素主要有三个：测试人员、测试系统和被测对象。根据人在测试过程中的参与程度，可以把测试分为自动测试、半自动测试以及手动测试。在测试系统开始工作后，若测试人员不需要对测试系统进行额外的操作，就可以直接获取被测对象的状态，这种测试就被称为自动测试；若需要测试人员参与部分如测试条件的构成、测试结果的判断等工作之后，才可以获取被测对象的状态，这种测试就被称为半自动测试；若需要测试人员参与每个测试部分的工作，例如测试手段的选择、测试位置的确定、测试系统参数的选择等等，才可以获取被测对象的状态，这种测试就被称为手动测试。综上所述，自动测试与其他类型测试的本质区别就在于测试过程中是否有人的参与。

随着科学技术的迅速发展，人们对测试技术的要求也越来越高，以"人"为主导的手动测试越来越难满足测试任务的需求。因此，以"机器"为主导的自动测试在电子对抗装备中的应用变得越来越广泛（图7-1）。例如，在对大型电子战装备进行测试任务时，由于电子战装备具有的体积庞大、参数复杂、测试点位多等特点，很难采用手动测试的方式来获取装备的状态，必须依赖自动测试系统来对装备的各个参数进行系统性地分析处理。除此之外，自动测试在电子对抗装备的状态监测中也有着大量的应用，例如装备开机后的故障自动检测、装备在运行过程中的温度、压力等参数的监测等等。由此可见，自动测试正在测试领域中发挥着越来越大的作用。

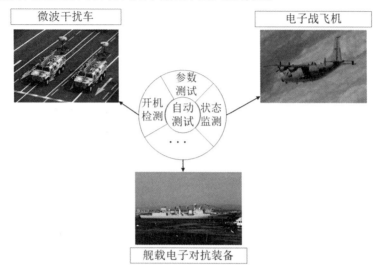

图 7-1　自动测试在电子对抗装备中的应用

自动测试主要借助于自动测试系统实现，在计算机的控制下综合各类不同的测试资源，从而达到完成不同的自动测试任务的目的。因此，自动测试具有如下显著特点：

1. 适应复杂的测试对象和繁重的测试任务

在例如相控阵雷达等复杂电子系统的测试任务中，测试项目和测试参数众多，需要协调使用各种不同类型的测试仪器，对测试速度也有很高的要求。只有自动测试才能完成这类高精度、高速度、多功能的测试任务。

2. 具有强大的分析处理能力

自动测试系统中包含具有强大计算能力的计算机，因而能对多种测试结果进行实时、快速的分析处理，可以根据不同的测试数据，系统性地分析被测装备的状态。

3. 测试结果表示多样

通过自动测试得到的结果，经过计算机系统的处理后，能以图、表、数据、语音等多样化的形式展示给用户。

4. 省时省力

自动测试具有的快速性和高效率可以把测试人员从繁重枯燥的测试任务中解放出来。此外，自动测试系统还可以对自身的各项参数进行实时的监测和分析，从而达到自诊断和自校准的目的，极大地减轻了维修保障人员的负担。

7.1.2　自动测试系统的概念及组成

7.1.2.1　什么是自动测试系统

通常把以计算机为核心，在程序控制指令的指挥下，能自动完成某种测试任务而组合起来的测量仪器和其他设备的有机整体称为自动测试系统。启动自动测试系统后，不需再进行任何人为的操作，它就能自动地完成激励、测量、数据处理以及输出测试结果等一系列的操作。

值得注意的是，虽然某些智能仪器也能对测试数据进行处理分析，但是智能仪器并不等同于自动测试系统。对于自动测试系统来说，其核心部件为具有控制功能的计算机。通过计算机对系统内不同测试仪器的调度，协调不同的测试仪器共同完成测试任务，这才能被称为一个自动测试系统。

7.1.2.2 自动测试系统的组成

如图7-2所示，一个典型的自动测试系统一般由自动测试设备、测试程序集以及测试软件开发工具三部分组成。其各部分的组成和功能如下：

1. 自动测试设备

自动测试设备是用来完成测试任务的所有硬件资源的总称，其核心设备是计算机。通过在计算机上运行相应的测试软件来控制如示波器、信号发生器、频谱仪等仪器完成激励输入、数据处理以及结果显示等操作。由于自动测试设备中包含了众多不同类别的测试仪器部件，为了方便自动测试设备的运输以及平时的使用，一般采用图7-2中的机箱/机柜来存放自动测试设备。

图7-2　自动测试系统的组成

2. 测试程序集

测试程序集是用来协助自动测试设备进行测试任务的相关辅助器件。测试程序集所包含的内容并非固定不变，根据不同的测试任务以及自动测试设备，其内容也会随之而发生变化。如图7-2所示，典型的测试程序集包括测试程序、接口适配器以及与测试任务相关的测试文档。

（1）测试程序

测试程序主要指应用于测试过程的测试程序软件。通过在计算机上运行相应的测试程序软件，可以达到控制激励的输入、选择合适的测试点、对测试数据进行分析处理以及对被测设备运行状态进行分析等目的。

（2）接口适配器

接口适配器主要指电缆、夹具、转接头等接口配件。对于不同的电子对抗装备来说，其信号输出的接口也是不一样的。因此，接口适配器就被用来将各类不同装备的信号输出接口转化成与自动测试设备相适配的接口，以便于自动测试设备完成对不同类型电子对抗装备的测试工作。

（3）文档

这里的文档主要指的是为了完成测试任务而需要的相关文件，例如，与测试相关的数据文件以及为保障测试软件程序正常运行所需要的辅助文档等等。

3. 测试软件开发工具

为了适应不同测试任务的需求，通常需要根据具体的要求来设计不同的测试程序软件，而开发这些测试程序软件时用到的一系列工具就被统称为测试软件开发工具。如图7-2所示，当下比较流行的测试软件开发工具有LabWindows/CVI、LabView以及VS等。

7.1.2.3 自动测试系统的评价指标

自动测试系统主要被用来测试装备的运行状态，进而根据运行状态判断被测装备是否发生故障并定位故障的具体位置。因此，对自动测试系统的评价指标主要分为两个方面：关于故障检测的评价指标和关于自动测试系统自身性能的评价指标。其中，关于故障检测的评价指标主要包括：故障检测率、故障隔离率以及虚警率；关于自动测试系统自身性能的评价指标主要包括：连续工作时间、可靠性、电磁兼容性以及可扩展性。

1. 故障检测率

故障检测率（FDR）是描述自动测试系统故障检测能力的指标，主要表示在规定时间和规定条件下，利用规定的测试方法正确检测到的故障数量与总的故障数量之比，其计算式如下：

$$FDR = \frac{N_{FD}}{N} \times 100\%$$

其中，N_{FD}是自动测试系统正确检测到的故障数量；N是被测对象所包含的总的故障数量。

2. 故障隔离率

故障隔离指的是利用自动测试系统对某个包含故障的设备进行故障定位，将发生的故障划分到设备中某个特定的范围内（如某个模块、某块电路板或某个芯片）。如图7-3所示，利用自动测试系统对某块包含故障的电路板进行故障隔离后，就可以知道其故障发生的大致范围。

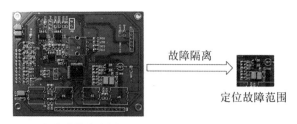

故障隔离

定位故障范围

含故障的电路板

图7-3　故障隔离的定义

故障隔离率（FIR）则表示：在规定时间内自动测试系统正确隔离到规定大小范围内的故障数目与检测到的故障总数目之比，其计算方式如下：

$$FIR = \frac{N_{FIR}}{N_{FD}} \times 100\%$$

其中，N_{FIR} 是在规定时间内自动测试系统正确隔离到规定大小范围内的故障数目；N_{FD} 是自动测试系统检测到的故障总数目。

3.虚警率

虚警表示自动测试系统提示有故障但实际上并没有发生故障的情况。因此，虚警率（FAR）就表示：在规定的条件和规定的产品工作时间内，发生虚警情况的次数与同一时间内提示有故障的总次数之比，其计算公式如下：

$$FAR = \frac{N_{FA}}{N_F} \times 100\%$$

其中，N_{FA} 是发生虚警情况的次数；N_F 是规定的产品工作时间内提示有故障的总次数，为虚警次数与正确提示故障次数之和。

4. 连续工作时间

连续工作时间是用来描述自动测试系统持续工作能力的指标。在连续工作时间的范围内，自动测试系统需要保持持续正常的工作状态。

5. 可扩展性

可扩展性表示自动测试系统的硬件可以增加、软件可以升级的特性。可扩展性的好坏关系着自动测试系统能否适应未来越来越高的测试需求，能否增加其通用性，能否延长其使用寿命等一系列问题。

7.1.3 自动测试系统的发展历程

自动测试系统首先是由于军事上的需求而发展起来的技术。1956年，为解决日益复杂的武器装备测试问题，美国国防部开始了一个称为 SETE（Secretariat to the Electronic Test Equipment Coordination Group） 计划的研究项目，标志着大规模现代自动测试系统研究的开始。随后，自动测试系统的研究经历了由专用型向通用型发展的历程，从只专注于自动测试设备的研制转向了兼顾测试程序集可移植性的研究。

随着测试技术的不断发展，到20世纪60年代末期，自动测试系统已经突破了军事领域的限制，在工业领域也得到了广泛地应用。目前，自动测试系统已经成为工业、医疗、航空航天等领域不可缺少的关键技术之一。如图7-4所示，自动测试系统的发展历程大致可以分为三代。

图7-4 三代自动测试系统的发展历程

7.1.3.1　第一代自动测试系统

第一代自动测试系统大多为专用于某一种或某一类装备的测试系统,主要用来进行恶劣条件下的大量重复测试以及对测试数据进行分析,通用性不强,一旦被测对象装备退役,整个自动测试系统就只能随之报废。由于当时没有通用的计算机接口标准,为了满足自动测试系统中不同测试仪器之间的通信需求,需要设计大量的接口电路。除此之外,不同仪器厂家之间的接口电路也不兼容,导致组成的自动测试系统的效率极低。

尽管第一代自动测试系统具有上述缺点,但相对于手动测试来说,第一代自动测试系统在速度、功能以及效率等方面还是具有较大的优势,能完成一些手动测试无法完成的工作。

7.1.3.2　第二代自动测试系统

相对于第一代自动测试系统,第二代自动测试系统规范了不同测试仪器之间的接口标准,使不同的测试仪器以积木的方式组建在一起,极大地方便了测试系统的构建工作,其中最具有代表性的就是GPIB(General Purpose Interface Bus)总线接口系统。

虽然第二代自动测试系统提出了统一的接口标准,使得自动测试系统的构建变得简单快捷,但是由于受到总线本身传输速率的限制,第二代自动测试系统的速度相对来说较慢。同时,由于第二代测试系统中的设备均为大型台式设备,导致第二代自动测试系统的体积较为庞大,不利于进行运输。

7.1.3.3　第三代自动测试系统

第三代自动测试系统是基于VXI和PXI等测试总线,由模块化的测试仪器所组成的高速、体积小、大数据吞吐量的自动测试系统。在第三代自动测试系统中,所有的测试仪器均以模块化的形式出现,在需要使用某个测试仪器时,只需要将其对应的测试仪器模块插入VXI或PXI总线机箱中,得到的测试结果统一在计算机显示屏幕上进行展示。

由于第三代自动测试系统具有的众多优点,它已经成了当前先进自动测试系统的主流组建方案,并被越来越广泛地应用于不同的测试任务之中。

7.2　现代自动测试系统的体系结构

现代自动测试系统通常是在标准的测控系统以及仪器总线的基础上组建而成的,其体系结构如图7-5所示。该系统以各类测试资源(包括计算机、各类模块化测试仪器以及可移植的测试程序集)为核心,通过信号适配器与不同的电子对抗装备进行数据传输,从而完成对不同装备的测试任务。

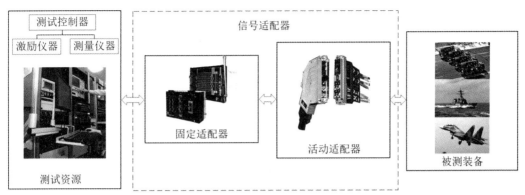

图7-5　现代自动测试系统的体系结构

7.2.1　测试资源

测试资源包括测控计算机以及测试设备两类。测控计算机主要对系统中的各类测试设备发送测试指令，使整个自动测试过程平稳有序地进行。测试设备则主要包括通用测试设备以及专用测试设备两种。通用测试设备表示对各类装备通用参数（电流、电压、信号频率、信号波形等）进行测试的仪器设备，主要为具备VXI或PXI等总线接口形式的模块化测试仪器。以一台具备PXI总线接口形式的通用测试设备为例，其主要包括：PXI主机箱、总线数字微波信号源、频率计模块、数字示波器模块、数字电压表模块、数字信号输入和输出模块、矩阵开关模块、任意函数发生器模块、直流稳压电源、交流电源等等。专用测试设备表示专用于某类电子对抗装备特定参数测试的设备。例如，微波暗箱以及雷达信号模拟器等设备。

7.2.2　信号适配器

信号适配器一般用于自动测试系统与被测设备之间的连接，为被测对象的不同参数的测量提供不同的测试资源。对于某一个通用的自动测试系统来说，它需要被用来测试大量不同种类的装备，而不同装备的信号通道、数量、种类都是不同的，因而需要大量不同的信号适配器与之进行匹配，这将造成极大的资源损耗。为了减少由于信号适配器导致的资源浪费，人们把不同类型信号适配器中的通用部分单独提炼出来，形成了与自动测试系统连成一体的固定适配器，不同的部分则被做成了各种各样可拆卸的活动适配器（或叫测试部件接口适配器）（图7-5）。

7.2.2.1　固定适配器

固定适配器与整个自动测试设备的机架连为一体，可以方便地完成自动测试系统与被测装备之间的速度匹配、时序匹配、信息格式匹配以及信息类型匹配等功能，为测试资源到被测装备提供了统一的连接界面。

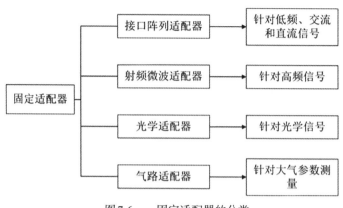

图7-6　　固定适配器的分类

激励设备、测量仪器、电源以及开关组件等测试资源都将信号通道引入了固定适配器，因此固定适配器包含了如电信号通道、无线电信号通道、光学信号通道、机械和气路通道等大量的信号通道类型。为了满足自动测试系统对不同信号类型的选择需求，某些固定适配器还包含了由多路选择器和开关矩阵组成的开关网络。根据信号类型的不同，可以把固定适配器分为：接口阵列适配器、射频微波适配器、光学适配器以及气路适配器等等（图7-6）。

7.2.2.2　活动适配器

电子对抗装备的不同部件中往往存在着大量不同类型的信号接口，例如，图7-7展示了许多不同种类的信号接口。如果自动测试系统与被测装备的接口之间连接不匹配，将导致数据缺失以及时序不同步等问题。因此，为了满足测试信号的传输需求，需要设计不同类型的活动适配器来完成不同被测装备与固定适配器的不同接口之间的连接工作。

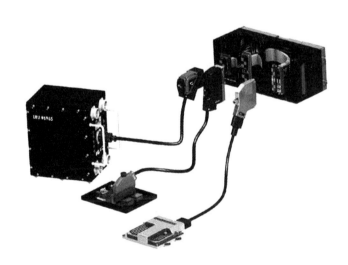

图7-7　不同种类的信号接口

7.2.2.3 信号适配器的实际应用

如图7-8所示，以某个具体的自动测试系统为例介绍信号适配器在自动测试系统中的作用，从信号的类型来说，该自动测试系统主要包括总线信号、控制信号、电源信号、开关信号、数字信号、低频模拟信号以及射频微波信号。

由该自动测试系统包含的信号类型决定了该系统对应配置的固定适配器主要为接口阵列适配器和射频微波适配器。其中，接口阵列适配器中的多路选择器和开关矩阵组成了开关网络，为通用的总线信号、电源信号、低频模拟信号、开关信号和数字信号提供了通道；射频微波适配器则主要对射频以及微波等高频信号进行信号调理、耦合、衰减、功率分配和阻抗匹配等处理。

由于射频微波信号的数量比低频信号少得多，为了节约成本，活动适配器一般只引入总线信号、控制信号、低频模拟信号和电源信号的通道。在进行低频信号的测试工作时，活动适配器直接与接口阵列适配器相连接，为被测装备和自动测试系统提供信号通道。在涉及高频信号的测量时，测试过程中需要的控制和电源等信号可以通过接口阵列适配器和活动适配器获得，而射频和微波等高频信号则可以通过射频微波适配器自带的电缆直接接入被测装备中。

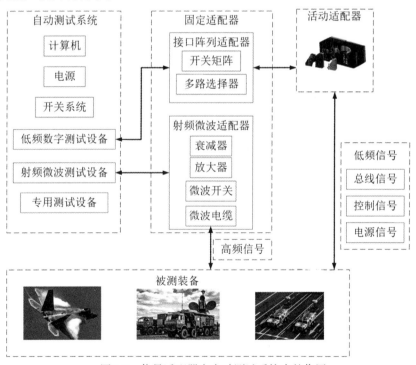

图7-8 信号适配器在自动测试系统中的作用

7.2.3 典型自动测试系统体系结构

为克服自动测试系统存在的应用范围有限、开发和维护成本高、系统间缺乏互操作性以及测试诊断技术难以融入已有系统等诸多问题，20世纪90年代中后期开始，在美国国防部自动测试系统执行局的统一协调下，美国陆、海、空、海军陆战队与工业界联合开展名为"NxTest"的下一代自动测试系统的研究工作，并于1996年提出了NxTest的开放式体系结构。

7.2.3.1　"NxTest"计划的由来

从20世纪80年代中期开始，美国军方研制了针对多领域的模块化通用自动测试系统，例如：海军的联合自动支持系统、陆军的综合测试设备系列、海军陆战队的第三梯队测试设备集、空军的通用自动测试站以及空海军共用的电子战设备标准测试系统，但这些自动测试系统都存在以下不足。

1. 生命周期内使用、维护费用较高

通用测试系统广泛采用商业货架产品，采用的商业成品数量占整个系统部件数量的比重极大。这样一来，武器系统的使用寿命（一般超过20年）就难以与商业产品极快的更新换代速率（典型周期为5年）相匹配，从而导致武器装备的维护费用不断增加。据美国国防部统计，从1980年到1992年，用于自动测试系统使用和维护的费用高达500亿美元。

2. 应用范围有限

虽然上述自动测试系统被冠上"通用"的名称，但是其应用范围却只能局限于具体的某个军种。因此，这就导致了不同军种的自动测试系统之间缺乏互操作性，从而无法保障现代多军种联合作战时对不同种武器系统进行多级维护的需求。

3. 故障诊断的效率和准确性不够

在自动测试程序中，故障诊断软件仅仅以预先定义的故障树或故障字典为依据，无法对被测对象的内置测试数据、维修人员的经验、维修履历资料以及被测对象的设计知识等相关调试诊断信息进行充分的利用，也无法根据实时测得的故障数据来更新系统的故障树或故障字典，从而导致自动测试系统中计算机强大的计算、存储能力不能得到有效的发挥。因此，上述自动测试系统不仅不能适应复杂故障诊断的需要，也难以获得较高的诊断效率。

4. 升级换代困难

传统的自动测试系统大都采用封闭式的体系结构，各个测试系统间的仪器、接口以及软件等缺乏统一的标准，难以利用先进的技术对其进行更新换代。

基于上述不足，美国国防部于1994年授权海军成立自动测试系统执行局，统一领导各军种与工业界联合开发名为"NxTest"的下一代自动测试系统，致力于打造一个具有低维护费用、高跨军种互操作能力、强故障诊断能力以及小后勤规模的通用化自动测试系统。

7.2.3.2　NxTest的体系结构

美国国防部自动测试系统执行局与工业界联合成立了多个技术工作组，将自动测试系统分为自动测试设备、测试接口适配器、测试程序集和被测对象等几个主要的部分，并进一步细化为24个关键元素，然后以此为基础建立了NxTest开放式的体系结构，其内容如图7-9所示。

下一代测试系统体系结构中的关键元素的定义如下。

1. 资源管理服务：实际上为一种软件组件，旨在使测试程序与硬件平台无关，可以极大地改善测试程序的可移植性和仪器的可互换性。

2. 适配器功能及参数：定义了测试夹具的性能及其相关参数，传递给测试程序集应用程序开发环境，旨在避免测试程序集在不同平台之间移植时重新设计接口测试适配器。

3. 仪器功能及参数信息：是一种用于定义测试资源测量和激励能力的数据格式，主要用于测试程序集的开发环境和执行环境，可以降低测试程序集移植的开销。

4. 诊断数据：是一种标准化描述故障诊断信息的模型，旨在减少测试程序集的开销，与机内测试数据综合使用，可以有效降低测试维修活动的强度。

5. 诊断服务：是一个提供基本故障诊断服务的软件组件，对测试程序集的移植非常重要。

6. 运行时间服务：提供测试程序需要但是体系结构中其他元素没有的服务，例如错误报告、数据日志、输入输出等，可以有效减少测试程序集移植时的重新开发。

7. 机内测试数据：通常在系统运行时获得，并传递给后续的维修活动，可以降低维修活动的强度，提高故障诊断的质量。

8. 计算机到外部环境：定义了自动测试系统与远程系统相互通信的必要硬件组件，可以提供标准的、可靠的、廉价的通信机制。

9. 数据网络：是自动测试系统与外界环境的网络通信协议，可以减少测试程序集开发和升级的开销，并为分布式测试以及远程诊断提供条件。

10. 数据测试格式：定义了一种把与数字测试有关的信息从数字测试开发工具无缝传递到测试平台的数据格式，可以减少由于数字测试软件移植而带来的开销。

11. 通信管理：是一种负责与仪器通信软件的组件，可以消除仪器驱动与具体的总线通信协议之间的相关性。

12. 仪器驱动：提供仪器具体操作细节的软件组件，为测试软件的开发提供接口，对于测试程序集的可移植性以及仪器的可互换性至关重要。

13. 维护数据与服务：定义一种标准的数据格式来加强跨维护级别以及跨武器系统之间的维护信息共享和重用，有助于提高测试系统的诊断能力。

14. 多媒体格式：用于传递超文本、音频、视频以及三维物理模型等信息，提高了与测试相关的多媒体信息的共享和重用，有利于提高测试人员的水平，减少测试开销。

15. 产品设计数据：是在产品设计过程中产生的用于直接支持测试和诊断的信息，有助于缩短测试程序集的开发时间以及降低重复开发的风险。

16. 资源适配器接口：用于标准化定义被测对象与自动测试设备之间的接口，尽量减少被测对象与自动测试设备之间的重叠部分。

17. 系统框架结构：包括一组测试必需的软件以及硬件组件，并定义了每一个组件应该具备的功能和互操作能力，可以减少培训费，提高自动测试系统的可靠性。

18. 测试程序文档：用于描述测试程序如何满足具体的测试需求，对于测试程序集的重新开发具有重要的参考价值。

19. 被测对象需求描述：是测试开发的输入条件。在另一平台进行测试程序集的开发时，利用标准化的数据格式描述被测对象测试需求，可以有效降低测试程序集重新开发时的难度和开销。

20. 数据分布网络：定义一组通过网络调用远程测试资源的软硬件需求。

21. 被测对象设备接口：用于定义特殊类型被测对象标准化测试的软硬件需求。

22. 主一致性索引：提供了被测单元测试、评估以及维修过程中所需的配置信息和支持资源，定义并标准化了公用格式以描述测试程序、测试设备和被测单元的配置和项目位置。

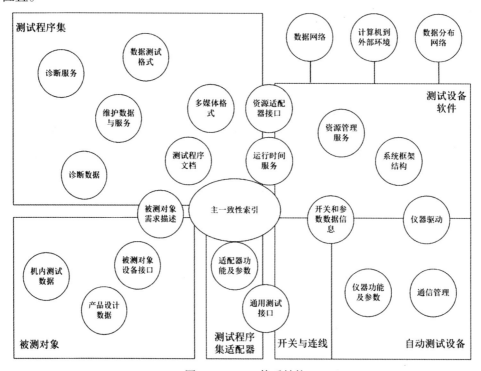

图 7-9　NxTest 体系结构

7.3　自动测试系统中的总线技术

总线技术是自动测试系统的核心技术之一，正是因为总线技术的发展，才推动了自动测试系统的不断更新换代。因此，有必要对自动测试系统中常见的总线技术进行介绍。其中，将主要介绍 GPIB 总线、VXI 总线、PXI 总线以及 LXI 总线。

7.3.1　总线的功能

在自动测试系统中，总线常常与接口联系在一起，它们是自动测试系统中的两个重要的概念。从物理形式上来说，总线就是一组信号线的集合，它主要被用来当做自动测试系统中不同测试设备之间信息传输的公共通道，就像平时生活中的公路，各种不同类型的信号、数据以及指令都可以在总线上进行运输。

接口则是连接不同测试设备与总线之间、不同测试设备与测试设备之间以及不同测试设备与计算机之间的单独通道，帮助测试设备下载和上传数据，就像公路旁各个不同的分支路口，把总线上的数据传输至不同类型的测试设备中。根据不同的数据传输的方式，接口可以被分为串行接口和并行接口。串行接口就像较为狭窄的车道，一次只能传输一位数据，因而其传输速度较慢，但是串行接口的线路简单，成本低。而并行接口则像很宽的车道，一次可以传输很多位数据，因而其传输速度较快，但是并行接口的线路复杂，成本较高。

在自动测试系统中，总线和接口相辅相成，密不可分，它们在自动测试系统中的作用如图7-10所示。

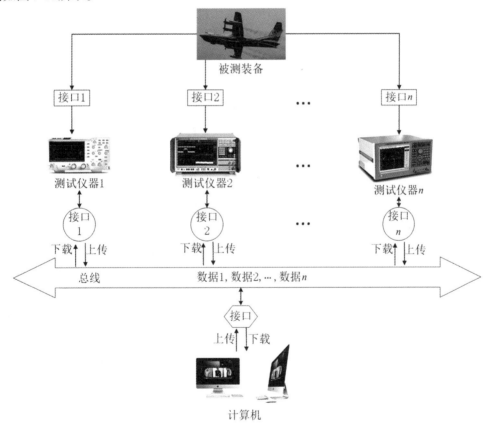

图7-10　总线和接口在自动测试系统中的作用

7.3.2　测试总线的分类

在自动测试系统中，不同类型的总线可以发挥不同的作用，按照测试总线所处的位置，通常可将测试总线分为系统内总线（模块化仪器总线）和系统外总线（通信接口总线）两大类。

7.3.2.1 系统内总线

系统内总线常以卡式插槽的形式互连模块化仪器，因此又被称为模块化仪器总线，主要用来实现自动测试系统中各种功能模块的互联。例如，示波器模块和数据处理单元的互连，以达到对测试数据处理的目的。常用的系统内总线有 VXI 总线、Compact PCI 总线以及 PXI 总线等。

7.3.2.2 系统外总线

系统外总线又被称为通信接口总线，主要用作控制计算机与挂接在系统内总线上各种仪器的通信通道，实现各类仪器与计算机之间的信息传输。目前，常用的通信接口总线有 GPIB 总线、LXI 总线、USB 总线等等。

7.3.3 几种典型总线介绍

7.3.3.1 GPIB 总线

通用接口总线（GPIB）是自动测试系统中各个设备之间相互通信的一种协议，是一种典型的并行通信接口总线。在 20 世纪 70 年代初，人们希望有一种适合于自动测试系统统一、通用的通信协议标准，以便于世界各国都可以按照一种统一的标准来对测试仪器的接口进行设计，最终达到能将不同厂家生产的测试仪器进行任意组装的目的。

HP 公司经过大约 8 年的研究，于 1972 年发表了一种标准的接口系统。之后，随着人们对该系统的进一步改进，它的通用性变得越来越强。最终，这个标准接口系统就以通用接口总线（GPIB）的名称被人们所熟知。

GPIB 接口系统具有：可以按照客户需求组成任意的自动测试系统；具有积木式的结构特点，可以对自动测试系统中的任意仪器进行拆卸或对整个系统进行任意的重构；数据传输的可靠性强；价格低廉，使用方便等特点。

如图 7-11 所示，GPIB 接口系统采用总线型连接方式，自动测试系统中的各类测试设备与计算机以并联的形式共同挂接在 GPIB 总线上，使得整个自动测试系统具有如下优点：

1. 系统的组建十分灵活，由于整个系统都采用了统一的 GPIB 接口标准，在对系统中的测试仪器进行增加或删减操作时就不需要额外设计与测试仪器对应的接口电路；

2. 各个测试仪器之间的通信可以直接通过总线完成，减轻了计算机的工作负担，提高了系统的效率。

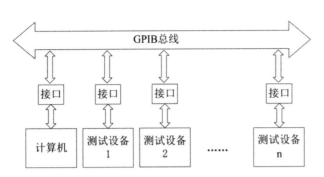

图 7-11　GPIB 接口连接方式

7.3.3.2　VXI 总线

1. VXI 总线发展概况

在 1987 年 7 月，由 Colorado Data System，Hewlett Packard，Racal Dana，Tektronix 和 Wavetek 等五家著名的仪器公司联合发布了 VXI 总线规范的第一个版本。后来经过不断地修改，在 1992 年 9 月 17 日，该 VXI 总线规范被 IEEE 标准局批准为 IEEE 1155-1992 标准，并于 1993 年 9 月 20 日正式发行。各个版本的 VXI 总线标准的发行历史如表 7-1 所示。

表 7-1　VXI 总线标准发展史

版本	0.0	1.0	1.1	1.2	1.3	1.4	IEEE-1155
日期	1987.7.9	1987.8.24	1987.10.7	1988.6.21	1989.7.14	1992.4.21	1993.9.20

2. VXI 总线的特点

与传统的测试应用执行标准的方法相比，VXI 总线具有以下几个方面的特点。

（1）与现有的其他系统兼容

VXI 总线系统与现有的诸如：IEEE 488，VME，RS-232C 等标准充分兼容。在上述不同系统中，可以直接对 VXI 总线系统中的不同仪器模块进行访问，避免了由于系统不兼容而带来的麻烦。

（2）不同制造商所生产的模块可以互换

使用标准 VXI 总线仪器的自动测试系统都具有相同的模块机架（即 VXI 机箱中的可插槽位的底板）。因此，即便是由不同商家生产的模块化测试仪器插件，也可以轻松地装配在基于 VXI 总线系统的机箱中。

（3）编程方便

虽然在 VXI 总线标准中没有专门的地址编程版本，但一个内部控制器可以通过执行子程序来克服老的 GPIB 系统所带来的问题，受菜单控制的软件系统也能被用来开发小型且简明的编码。

7.3.3.3　PXI 总线

如图 7-12 所示，PXI 总线是在 PCI 总线的基础上逐步发展起来的总线系统，现在对它们分别进行介绍。

1. PCI总线

PCI的含义为Peripheral Component Interconnect，即周边器件互联。1992年，Intel公司发布了PCI总线的第一个技术规范版本。随后，PCI总线的64位/66Mb/s的技术规范也被通过，极大地提高了总线的传输速率。PCI总线结合了微软公司的Windows操作系统和Intel公司的微处理器先进硬件技术，是目前世界上整个微型计算机的工业标准。

2. CPCI总线

由于PCI总线具有的众多优点，工业界把它引入了仪器测量和工业自动化控制的应用领域中，从而产生了CompactPCI（CPCI）总线规范。CPCI是由PCI计算机总线加上欧式插卡连接标准所构成的一种面向测试控制应用的自动测试系统总线，其最大带宽可以达到132MB/s（32位）和264MB/s（64位）。

3. PXI总线

1997年9月1日，NI公司发布了一种全新的开放性、模块化仪器总线规范PXI（PCI eXtensions for Instrumentation），PXI是CPCI的进一步扩展，目的是将台式计算机的性价比优势和PCI总线面向仪器领域的扩展完美结合，最终形成一种虚拟仪器测试的平台。PXI综合了PCI与VME计算机总线、CPCI的插卡结构、VXI与GPIB测试总线的特点，采用Windows和Plug&Play的软件工具作为自动测试平台的软件和硬件基础，成了一种专门为工业数据采集与仪器仪表测量应用领域而设计的模块化仪器自动测试平台。

图7-12　PXI总线发展概况

7.3.3.4　LXI总线

LXI（LAN eXtension for Instrumentation）是一种基于局域网的模块化测试平台标准，它融合了GPIB仪器的高性能、VXI、PXI仪器的小体积以及LAN的高吞吐率，并考虑定时、触发、冷却、电磁兼容等仪器要求。其目的是充分利用当今测试技术的最新成果和计算机标准输入输出能力，组建灵活、高效、可靠、模块化的自动测试平台。

LXI是一种基于以太网技术等工业标准的、由中小型总线模块组成的新型仪器平台。LXI仪器是严格基于IEEE 802.3、TCP/IP、网络总线、网络浏览器、IVI—COM驱动程序、时钟同步协议（IEEE1588）和标准模块尺寸的新型仪器。与带有昂贵电源、背板、控制器、MXI卡和电缆的模块化插卡框架不同，LXI模块本身已带有自己的处理器、LAN连接、电源和触发输入。LXI模块的高度为一个或二个机架单位，宽度为全宽或半宽，因而能容易混装各种功能的模块。信号输入和输出在LXI模块的前面，LAN和电源输入则在模块的后面。LXI模块由计算机控制，所以不需要传统台式仪器的显示、按键和旋钮。一般情况下，在测试过程中LXI模块由一台主机或网络连接器来控制和操作，等测试结束后它再把测试结果传输到主机上显示出来。LXI模块借助于标准网络浏览器进行浏览，并依靠IVI—COM驱动程序通信，从而便于系统集成。

7.4 自动测试系统的软件平台

为完成规定的自动测试任务，自动测试系统中的各部分测试仪器都需要由计算机通过测试软件进行调度。如图7-13所示，自动测试系统的软件架构主要分为系统管理软件、应用开发软件、系统服务和驱动、处理总线平台以及仪器和设备 I/O 五个层次，本章将逐一介绍各层次的功能和特点。

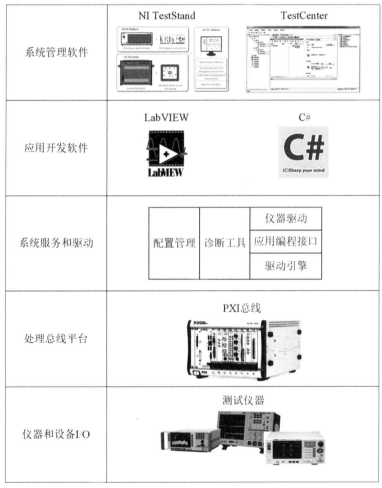

图7-13 自动测试系统软件架构

7.4.1 系统管理软件

对于一个自动化测试系统，有些测试任务会根据待测设备（DUT）的不同而不同，如仪器的配置、结果的分析等；而有些对于所有的待测设备则是通用的，如测试流程的管理、测试报告的生成等。为了提升测试效率和降低软件维护的成本，将DUT级别的任务与系统级别的任务相分离的测试策略显得尤为重要。通过快速创建测试流程、集成报告生成和数据库管理功能以及建立不同级别用户的人机界面，测试管理软件能够帮助工程师大幅缩短软件开发时间，并可以在整个开发周期中迅速地重用、修改和维护测试程序（或者模块）来满足从DUT测试到整个系统测试等不同的需求。为了达到生产效率的最大化，可以利用商业可用的测试管理软件，例如NI TestStand和TestCenter等，来快速构建可扩展的测试框架和进行系统管理。下面以TestCenter为例，对系统管理软件进行简要介绍。

7.4.1.1 TestCenter的简介

概括地讲，TestCenter是专为加速自动测试系统软件开发而设计的一款自动测试领域内的软件。它在功能方面集测试程序开发、调试、运行和管理于一体，并可应用于众多的测试领域，如消费类电子产品的测试和武器装备的功能测试。

7.4.1.2 TestCenter的组成

1.集成开发环境

集成开发环境是TestCenter为用户提供的可视化、组装式、所见即所得的测试程序开发环境。TestCenter将测试程序的开发方式由编码型转变为插件组装型，用户只需从插件库中拖放所需的插件并组装它们即可快速完成测试程序的开发。在集成开发环境中，用户还可以方便地进行循环、跳转、分支执行、条件执行及其他复杂流程设计，同时还提供断点设置、单步运行等功能，方便用户进行测试程序调试。

图7-14展示了一个TestCenter的集成开发环境窗口，其各部分内容如下：

（1）菜单栏；
（2）工具栏；
（3）测试工程编辑区；
（4）主显示区；
（5）插件库/测试库/重用库窗口；
（6）输出/监视/测试结果窗口；
（7）状态栏。

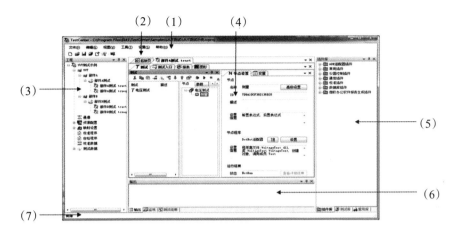

图 7-14　TestCenter集成开发环境

2. 通用执行环境

通用执行环境是TestCenter为用户提供的测试程序运行环境，用于运行用户开发好的测试程序。通用执行环境内置有测试报表生成功能和测试数据可视化功能。

图 7-15展示了TestCenter的通用执行环境，其各部分内容如下：

（1）菜单栏；

（2）工具栏；

（3）测试工程显示区；

（4）测试节点显示区；

（5）主显示；

（6）输出/监视窗口；

（7）状态栏。

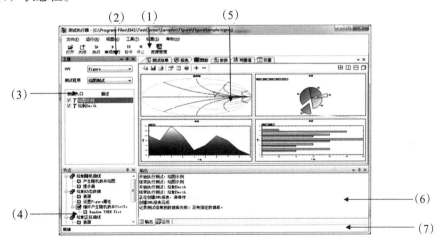

图 7-15　TestCenter通用执行环境

3. 测试数据综合管理

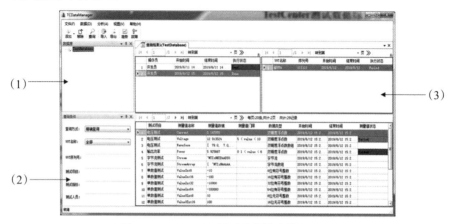

图7-16　TestCenter测试数据综合管理界面

测试数据综合管理是TestCenter为用户提供的自动测试数据管理功能，用于对得到的测试数据进行查询、增加以及删减等操作。

图7-16展示了TestCenter的测试数据综合管理界面，其各部分内容如下：

（1）数据源；

（2）查询条件；

（3）查询结果显示。

7.4.2　应用开发软件

应用开发软件（ADE）在测试软件架构中扮演着很关键的承上启下的作用。系统开发者在进行系统的设计与组合时，需要借助ADE实现具体的测量应用程序、向最终用户显示必要的信息以及连接其他应用程序等多项功能；同时ADE需要与系统服务和驱动层紧密集成，而系统服务和驱动则与最终的I/O设备连接。不仅如此，用于开发测量和自动化应用的ADE，需要为各个应用领域提供易于使用的设计模型、编译性能和应用层的编程灵活性。

随着软件在系统实现中重要性的不断提高，应用程序开发软件在自动测试系统体系架构中的地位也不断上升，一个应用开发软件的好坏直接影响着整个系统开发的成功与否。常用的应用开发软件包括：LabVIEW、LabWindows/CVI以及VS等。

7.4.3　系统服务和驱动

系统服务和驱动层是连接软件开发环境和硬件设备的纽带。除了起到设备驱动的作用，应该有更多关于硬件配置管理、诊断测试等功能涵盖在这一层中，这也是它被称之为系统服务和驱动层的原因。

常见的系统服务和驱动包括NIDAQ、虚拟仪器软件架构（VISA）、NILabVIEW即插即用驱动、可互换虚拟仪器（IVI）驱动等，它们都提供了模块化的硬件接口，帮助用户进行测试的配置和编程。

系统服务和驱动还通过应用编程接口（API）提供了对应用开发软件层的集成，这样开发者可以很容易地实现设备的编程。实际上，硬件驱动程序、应用编程接口和配置管理器等都必须无缝的集成到ADE中，从而使得性能最大化，提高开发效率，减少维护成本。

7.4.4　处理总线平台

谈到总线平台，往往会让人联想到GPIB、USB、LAN/LXI、PXI和PXIExpress等仪器总线。每一种仪器总线都有其适合的测试应用，例如，GPIB总线目前还是最常见的台式仪器控制总线；USB总线源于其即插即用性和较高的吞吐量，目前得到了广泛的应用；LAN/LXI总线特别适合于分布式的系统；PXI和PXIExpress在带宽和传输延迟方面均提供了最高的性能指标。可见，为了发挥不同总线的优势，达到系统性能的最优化，未来的测试系统会是一个混合总线的测试系统。

作为一个开放的、基于计算机的测试测量和控制平台，PXI和PXIExpress提供了业界最好的数据带宽性能和背板集成的定时和同步功能，它同时拥有和多种其他总线互联的软硬件接口支持，使得PXI和PXIExpress成为最理想的混合总线测试平台的核心，更是成了全世界成千上万家公司首选的自动化测试平台。

7.4.5　仪器和设备I/O

作为系统架构的最底层，仪器和设备I/O层将直接接触到实际的物理信号，完成信号调理、A/D和D/A转换等信号数字化的工作。由于下一代的测试系统将会是一个混合总线的测试系统，因此仪器和设备I/O层分为模块化的I/O和外部仪器控制两个部分来介绍。

模块化的I/O主要是基于PXI和PXIExpress总线的仪器，通过软件定义模块化测量硬件的功能，用户可以进行完全自定义的测量，并根据测试需求的改变而随时更新测试系统。模块化仪器提供的灵活性、用户自定义性与可扩展性，配合软件的强大能动作用，体现出了传统仪器所无法比拟的巨大优势。现在，有超过70家的PXI系统联盟（PXISA）的成员提供超过1500种的PXI模块化仪器，其中包括Agilent、Rhode&Schwarz、Keithley和NI在内的众多知名公司，产品覆盖从数字化仪表、信号发生器、电源到开关模块等各种I/O模块。

基于模块化的软件架构和PXI/PXIExpress为核心的控制模块，用户可以轻松的集成基于GPIB、USB、LAN/LXI、串口等的传统仪器，满足用户对原有投资的重复利用和对特定测试任务的需求。

7.5　通用自动测试系统的未来发展

现代电子战是多层次、全方位、全纵深、快节奏的立体战争，众多的高技术装备、复杂的作战方式、日益提升的战斗强度对保障能力提出了更高的需求。由于美军自动测试技术代表了当今世界的最高水平，因此本节将以美国陆军、海军、空军中的自动测试系统为例介绍自动测试系统发展的最新情况，进而探讨通用自动测试系统的未来发展趋势。

7.5.1 自动测试系统的最新动向

7.5.1.1 美国陆军ATS发展动向

目前，美国陆军用于保障所有武器系统的标准自动测试系统（ATS）是综合测试设备系列（IFTE），包括远离平台的ATS（OPATS）和平台旁ATS（APATS）。OPATS包括基地车间测试站（BSTS）和基地车间测试设施（BSTF）、电子修理掩体（ERS）和商用等效设备（CEE）。APTAS包括维修探障设备（MSD）各个版本。MSD是一种通用、标准化的平台旁测试设备，用于所有维修级别。MSD测试和诊断导弹、航空和车载武器系统中的复杂电子设备、发动机、传动系统、中央轮胎充气系统、反锁刹车系统以及其他关键部件。而且，武器系统维护人员使用MSD来阅读交互式电子技术手册（IETM）、电子技术手册、武器系统专用软件应用、上传和下载任务规划工具和更有效地进行武器系统故障排除。IFTE为美陆军装备持续保障和野战级维修提供了一种纵向集成ATS能力。

作为美国陆军新的ATS产品族，下一代自动测试系统（NGATS）将取代现役的"综合测试设备系列"（IFTE）和传统的直接保障电子系统测试装置（DSESTS），并与之兼容，以满足所有陆军军用电子系统所有维修级别的故障隔离、诊断和维修需求。

NGATS特点如下：

1. 开放式架构、模块化可重构解决方案、易于在未来引入新技术；

2. 标准商用现成仪器，即插即用软件，具有灵活性；

3. 在工厂、外场或大修基地使用相同的"测试程序集"软硬件，以最小化备件需求，减少维护、保障训练和后勤费用。

美陆军采用渐进式采办方式开发NGATS。2012年陆军收到第一批产品，2017年3月开始第一批批量生产，持续到2021年4月结束。第二批产品试验于2010年4月开始，2011年4月开始引入网络中心能力，2016年3月开始光电集成，2017年3月开始射频集成。

7.5.1.2 美国海军ATS发展动向

美国海军现役的"综合自动化保障系统"（CASS）是美国海军投资12亿美元，从1986年开始委托主承包商洛马公司牵头研制的。至今，美国海军航空部队已使用了713套CASS工作站测试飞机电子设备。但进入21世纪后，CASS陆续出现了老化、技术能力不足、基础设施耗损等问题，美国海军认为CASS已无法满足测试需求，需要开发新的系统进行替换。

美国海军委托洛马公司将CASS升级为eCASS，升级成本为8330万美元。海军计划用下一代eCASS系统代替现有的5种CASS主机系统（混合、射频、高功率、CNI和光电）。eCASS包括基本型、射频型、通信/导航/应答识别型、高功率雷达型、光电型、基地型六种类别，其主体是4机柜核心测试站。为满足未来武器系统测试需求，eCASS引入了新型测试技术及测试设备，如相位噪声测量、矢量信号发生器，光纤通道等。eCASS包括CASS原有的ATLAS测试程序环境，并增加了更现代化的LabWindows/CVI测试程序环境。此外，eCASS系统的软件设计基于洛马公司LM-STAR的标准测试操作和运行管理器，使其能够支持F-35飞机的先进航电系统测试。

与CASS相比，eCASS的优势体现在以下几个方面：

1. 成本效益分析表明，研制设计使用寿命为30年的eCASS比零散地对CASS测试站分别开展现代化改进可节约20亿美元的费用。

2. eCASS和CASS拥有相似的底座和相同的工作环境要求，将节省舰船改造费用。

3. eCASS开放的系统体系结构将会降低工程造价成本。

4. 使用eCASS后，测试站总数可以减少大约三分之一。

5. eCSS测试程序集运行要比CASS快，或者和CASS一样快，增加了相同时间内的测试工作量。

6. eCASS将能再利用CASS高功率和光电模块，再利用CASS设备的电、空气、冷却水接口，后勤保障规模不超过CASS。

7. 用超级电容器取代铅蓄电池，使备份电源系统寿命周期成本降低75%。

8. 数字测试单元同轴电缆束变为超薄带状电缆防松插座，降低了维护难度。

9. 当测试站因故障关闭时，计算机和监视器能使用24V应急电源继续运行。

10. 每个测试站有两个独立的监视器。

11. 一些现有的辅助设备集成到了测试站内部。

12. 工作台更加耐用。

13. 减少了测试站内部电缆数量。

eCASS项目于2010年3月24日进入工程研制，2013年12月16日通过审查，洛马公司获得1.03亿美元eCASS初始小批量生产合同，要生产36套eCASS和相关的保障设备。现有的CASS测试站被集成到eCASS测试站中。2014年9月开始了CASS测试程序集（TPS）向eCASS的移植工作，大约有550套TPS被移植。2015年1月，洛马公司向美海军交付第一套生产型eCASS，2017年2月16日，洛马公司宣布获得eCASS批产合同。美海军最终计划建设341套eCASS测试站。

7.5.1.3 美国空军ATS发展动向

为了满足现代多兵种联合作战和网络中心战的需求，美国空军于2007年推出其首套VDATS。VDATS是美国空军的一种革命性方法，它着眼于美军当前ATS的现代化需求，同时可为作战人员提供杰出的武器系统维修能力。

如图7-17所示，VDATS由一个双舱作为模拟和数字仪器的"公共核心"（左），以及一个可选的扩展舱（右）用于提供射频（RF）能力、光电能力或一些定制的、针对特定工作的能力。VDATS采用一种模块化开放系统体系结构，允许测试能力的扩展、仪器的简单替代和相似配置系统之间测试程序集（TPS）的移植。VDATS要比许多现有测试设备（一般包括6～7个舱）小很多。VDATS的另一大优势是，它具有机内校准能力。VDATS带有一个便携式自动测试设备校准（PATEC）系统校准该仪器，一个完整的VDATS系统的校准仅需4～6个小时。

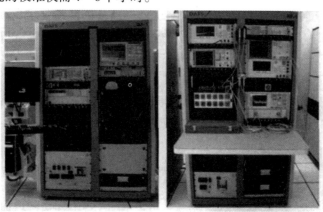

图7-17　美国空军自动测试系统VDATS

2008年7月9日，首台VDATS在罗宾斯空军基地进行测试。操作人员利用VDATS测试了A-10"雷电II"上使用的一个瞄准设备的解码器组件。该组件以前一直利用计算机操作的多功能电子测试系统（COMETS）进行测试。COMETS是1968年生产的测试设备，其维护使用已经很困难。据罗宾斯基地的测试维修人员反映，VDATS操作简单方便，可靠性高，能有效缓解COMETS的工作负荷。

VDATS可用于多种武器系统，它最终将取代美国空军基地现役的大部分传统测试设备。目前，美军的一些维修基地已开始采购VDATS。廷克空军基地计划购买4套VDATS，用于测试B-2组件和部件。Kadena空军基地计划购买2套带RF舱的VDATS替换现有的车间测试设备。

7.5.2　自动测试系统未来发展趋势

从美军ATS最新动向可以看出，未来ATS的发展趋势主要表现在以下三个方面：

一是装备自动测试技术的发展走向了体系化、标准化的发展道路。美军目前已站在全军统一的高度，以大系统的观念来规划测试技术设备的发展，构建了ATS开放式体系框架，并把ATS框架纳入武器装备体系，使其成为国防部联合技术体系结构（JTA）的一个子域，在型号采办中必须强制执行。同时从管理层面上保证测试设备和武器装备并行论证、同步建设，从而为武器装备的全系统、全寿命管理提供保障条件。

二是大力发展以软件为中心的系统重构技术，推动测试技术从硬件向软件发展。美军基于现代计算机的强大的信息处理能力，将测试系统各部分功能软件化、模块化，利用人工智能算法改进ATS的人机交互能力和数据分析能力，提高测试的灵活性、便捷性，扩展测试技术的适用范围，同时也避免了硬件电路发展滞后所带来的诸多问题。

三是实现以智能测试生态为核心的ATS技术，推动ATS从"有形"向"隐形"发展。基于无线的新体制、新标准，将嵌入式智能传感器、智能仪器、系统等安全互联，实现分布式自动测试系统体系、技术与标准，构建从"有形"到"隐形"（嵌入），从"装备外"到"内外结合"（分布）的智能测试生态环境，从而进一步提升自动测试系统的智能化水平。

因此，我们应当从体系化、标准化、模块化、智能化、扩展性等方面，学习和借鉴外军 ATS 先进技术和设计思想，吸取外军的经验和教训，充分利用先进的测试技术手段，实现雷达对抗装备测试系统的跨越式发展，满足现代高新技术条件下对抗装备的快速维护保障能力，这是我军装备测试技术未来的重要发展方向。

参 考 文 献

[1] 周渭. 测试与计量技术基础[M]. 西安：西安电子科技大学出版社，2004.

[2] 林占江，林放. 电子测量仪器原理与使用[M]. 北京：电子工业出版社，2006.

[3] 库姆斯. 电子仪器手册[M]. 北京：科学出版社，2006.

[4] 田书林. 电子测量技术[M]. 北京：机械工业出版社，2012.

[5] 李希文，赵建. 电子测量技术[M]. 西安：西安电子科技大学出版社，2008.

[6] 张永瑞. 电子测量技术基础（第二版）[M]. 西安：西安电子科技大学出版社，2009.

[7] 陈尚松，郭庆，黄新. 电子测量与仪器（第4版）[J]. 电子测量技术，2018，03（v.41；No.287）：129-129.

[8] 贺平. 雷达对抗原理[M]. 北京：国防工业出版社，2016.

[9] 邓斌. 雷达性能参数测量技术[M]. 北京：国防工业出版社，2010.

[10] 张永顺，童宁宁，赵国庆. 雷达电子战原理[M]. 北京：国防工业出版社，2006.

[11] 赵国庆. 雷达对抗原理[M]. 西安：西安电子科技大学出版社，2012.

[12] 杨超. 雷达对抗工程基础[M]. 成都：电子科技大学出版社，2006.

[13] DavidAdamy. 电子战原理与应用[M]. 北京：电子工业出版社，2011.

[14] 周一宇. 电子对抗原理[M]. 北京：电子工业出版社，2009.

[15]《空军装备系列丛书》编审委员会. 电子对抗装备[M]. 北京：航空工业出版社，2009.

[16] 章宏权，黄劼. 机载干涉仪阵列地面静态标校系统研究[J]. 新型工业化，2015（6）：6.

[17] GJB4345-2002，雷达对抗侦察设备通用规范[S]. 北京：中国人民解放军总装备部，2002.

[18] GJB2088A-2002，压制性雷达干扰机通用规范[S]. 北京：中国人民解放军总装备部，2002.

[19] GJB3070A-2020，欺骗性雷达干扰机参数测试方法[S]. 北京：中央军委装备发展部，2020.

[20] GJB8313-2015，雷达对抗数字干扰源通用规范[S]. 北京：中国人民解放军总装备部，2015.

[21] GJB3071A-2019，雷达天线分系统性能测试方法[S]. 北京：中央军委装备发展部，2019.

[22] GJB3310-1998，雷达天线分系统性能测试方法方向图[S]. 北京：中国人民解放军总装备部，1998.

[23] GJB5109-2004，装备计量保障通用要求检测和校准[S]. 北京：中国人民解放军总装备部，2004.

[24] GJB2739A-2009，装备计量保障中量值的溯源与传递[S]. 北京：中国人民解放军总装备部，2009.

[25] 孙续. 自动测试系统与可程控仪器[M]. 北京：电子工业出版社，1990.

[26] 陈长龄，田书林，师奕兵. 自动测试及接口技术[M]. 北京：机械工业出版社，2005.

[27] 于劲松，李行善. 美国军用自动测试系统的发展趋势[J]. 测控技术，2001，20（12）：1-3.

[28] 张宝珍. 美国空军第一种通用自动测试系统VDATS[J]. 航空维修与工程，2010，000（001）：31-32.

[29] 徐赟. 设计下一代自动化测试系统[J]. 今日电子，2008.